MORE THAN A DRESS

우리가
꿈꾸는
웨 딩

이영아

아숲

1. 웨딩 트렌드, 변화하다

2. 웨딩, 여행을 떠나다

3. 웨딩룩, 진화하다

4. 신부들과 인연을 맺다

5. 소품, 스타일링에 방점을 찍다

웨딩 트렌드,
변.화.
하.다.

결혼 적령기는 뒤로
부모의 은퇴는 앞으로

배우자 없이 싱글로 삼십대에 진입하는 건 곧 노처녀 대열에 합류하는 것으로 낙인찍히던 시절이 있었다. 그럼에도 불구하고 서른두 살이 되도록 결혼엔 도통 관심을 두지 않은 채 회사와 집만 오가며 야근에 매달렸던 내게 엄마는 단 한 번도 얼른 시집이나 가라는 잔소리로 스트레스를 준 적이 없었다. 평생을 주부로, 아내로, 엄마로만 살아온 엄마는 하나뿐인 딸에게 자신이 이루지 못한 꿈을 투영했고 잦은 출장으로 해외를 떠도는 딸에게 대리만족을 느꼈던 듯하다. 제 앞가림을 스스로 할 능력이 갖춰진 커리어 우먼이면 독신으로 사는 것도 멋지다는 말마저 서슴지 않으셨으니 말이다.

그랬던 엄마도 막상 내가 결혼까지 생각하고 있는 남자 친구의 존재를 알렸을 땐, 기왕 결혼을 마음먹었다면 아빠가 은퇴하시기 전에 결혼식을 치르라는 말과 함께 어서 빨리 진도를 내라 채근하셨다. 환갑을 맞아 오매불망 은퇴를 소망하던 아빠의 등을 떠밀어 자식 둘 중 누구 하나라도 혼사를 치를 때까지는 퇴직을 미루도록 가장을 닦달해오셨다는 사실을 곧 알게 되었다. 이유인즉 '내 그동안 남의 집 혼사에 축의금으로 뿌린 것이 많으니 그간 뿌린 만큼 거둬야겠다'는 엄마의 귀여운 욕심이었다.

그리하여 우리 집의 개혼이었던 내 결혼식에는 무려 600여 명의 손님이 몰려와 그야말로 인산인해를 이루었다. RSVP*에 대한 개념 정립이 되어 있지 않았던 2001년 당시, 400명 수용을 예상했던 호텔 측에선 넘치는 하객들을 호텔 내 다른 식음 업장으로 안내하느라 진땀을 뺐다. 물론 대부분 엄마 아빠의 초대 손님이었고 결혼식은 그야말로 삼십 고개를 넘은 노처녀 딸을 시원하게 치워버리게 된 부모님의 잔치가 되었다.

그로부터 20년의 세월이 흐른 현재, 결혼 풍속도는 어떤 모습으로 바뀌었을까.

요즘의 대학생들에게는 학부 재학 시절 한두 번의 휴학이 교양과목 한두 개를 이수하듯 쉽고도 빈번한 경험이 되었다. 본인들의 진로 설계와 계획에 맞춰 졸업 시점을 조절하는 이 휴학이, 내가 대학을 다니던 80년대 후반엔 소위 사고 치고 도피하는 수단으로 치부되었으니 지금과는 달라도 너무 달랐던 사회상이다.

갈수록 심화되는 취업난에 조금이라도 졸업을 늦추려 안간힘을 쓰는 것은 내 조카를 비롯해 거의 모든 밀레니얼Millennial 세대의 공통적인 초조함인 듯하다. 휴학과 스펙 쌓기로 늦춰진 졸업과 취업은 자연스레 결혼 적령기도 뒤로 밀어내 버리고 말았다. 결혼과 출산이라는 큰 변곡점이 커리어의 유지와 관리에 불리할 수밖에 없는 현실에서, 어렵사리 진입한 직장을 후순위로 밀어두고 결혼부터 계획하기는 심적 부담이 클 수밖엔 없다. 학자금 대출의 상환 같은 재정적 부담도 무시할 수 없다.

그렇다 보니 요즈음은 대학을 갓 졸업한 이십대의 신부보다 삼십대 중반의 신부를 만나는 경우의 빈도가 훨씬 높다. 오히려 서른 초반의 신부들은 그 옛날 이십대 중반의 아가씨들처럼 보송보송 아기 같은 느낌마저 들 정도다.

자식들의 결혼 적령기가 뒤로 밀려 신부들의 평균 연령이 높아졌다는 것은 필연적으로 혼주들의 나이가 많아짐을 의미한다. 그러나 감량 감원으로 위기를 돌파하려는 다급한 산업 전반의 현실 상황에서 조기 퇴직으로 떠밀려나는 사회적 분위기가 만연하니 혼주들의 은퇴 시점은 오히려 당겨지고 있는 것이 우리가 처한 현실이다. 기왕 결혼을 할 거라면 아빠가 은퇴하기 전에 결혼식을 올리라는 나의 엄마의 주문처럼, 결혼식이 부모의 잔치인 성격이 아직 짙은 한국에서, 부모의 사회적 은퇴는 자연스레 하객 숫자의 감소를 동반하게 되는 것이다.

코즈모폴리턴의 삶을 사는 신세대들

결혼을 앞둔 예비 신랑 신부들을 만나는 것을 업으로 삼다 보니, 원치 않아도 자연스레 그들의 호구조사가 수반된다. 이런 재원들이 모두 해외에 있으면 한국의 미래는 누가 짊어지려나 싶은 근심 섞인 생각이 들 만큼 젊은 층의 해외 거주가 늘고 있다. 인구 통계학적으로 정확한 수치는 모르겠으나 적어도 내가 만나는 예비 커플들을 보면 그렇다.

내가 이 일을 시작했던 십여 년 전만 하더라도, 안정적인 유학 생활을 바라는 부모들의 의지로 방학 때 잠깐 한국에 나와 후다닥 결혼식을 치르고 돌아가는 어린 유학생 커플들을 꽤 만날 수 있었다. 신랑 신부가 한국에 없는 상태에서 부모의 주도로 결혼 준비가 이뤄지고, 경제적으로 자립하지 못한 어린 커플들은 부모가 기획한 잔치에 마스코트처럼 잠깐 등장했다가 바로 해외로 돌아가는 형태였다.

그러나 부모들의 의지로 결혼이 좌지우지되던 예전과는 달리, 지금의 유학생들은 독립적인 사고로 졸업 후의 싱글 라이프를 즐기며 결혼 적령기를 뒤로 밀어내고 있다. 유학 후 현지에서 치열한 노력 끝에 직장을 얻어 정착한 경우라면 더욱 그렇다. 결혼보다는 각자의 커리어 관리에 더 우선순위를 두게 되는 현상이 당연하다.

그럴 경우, 성인이 된 후의 주요 인맥은 한국이 아닌 현지에서 형성될 수밖에 없다. 동창들과 직장 동료 그리고 사회에 나와 친분을 쌓게 된 여러 지인들이 있기 때문이다. 앞에서 이미 언급한 것처럼 부모들의 은퇴로 자식들의 결혼식은 더 이상 부모의 잔치가 아닌 것으로 변화하고 있다. 훨씬 많은 숫자를 차지해 비중이 높았던 부모의 초대 손님들이 줄어들고 신랑 신부 당사자들의 지인들은 모두 현지에 있으니, 한국으로 돌아와 결혼식을 치르라 강제할 빌미가 사라지는 것이다. 경제적 독립까지 완전히 이룬 커플이라면 결혼식에 대한 주도권을 이제 더는 부모가 독점할 수 없다.

늘어나는 국제결혼은 이 현상에 불을 붙였다. 유학 시절 만난 외국인 동창, 직장에서의 외국인 동료는 배우자 선택의 폭을 넓혀주었다. 그들이 각자의 고국으로 돌아가더라도 흔들림 없는 굳건한 사랑의 맹세를 지키는 데 일조한 것은 속도 경쟁이 붙은 이동 통신과 항공 운수 산업의 발달이다. 서로 다른 국가에 거주하며 장거리 연애를 이어가는 커플들을 목격하는 일도 이제 익숙해졌다. 눈에서 멀어지면 마음도 멀어진다는 구식 잠언은 지금 세대들에겐 적절하지 않게 된 것이다.

신랑 신부가 있는 곳과 한국에서 각각 참석할 축하객들의 물리적 거리를 고려해 중간 지점의 여행지로 그들을 초대해 함께 여행을 즐기며 결혼식을 올리는 데스티네이션 웨딩의 증가와 더 작아지는 결혼식 규모의 배경에는 이러한 큰 사회적 변화가 있다.

정보와
이미지 과잉의 시대

무리 속에 파묻혀 눈에 띄지 않을 때 안정감을 느끼는 사람이 있는가 하면, 어떻게든 튀어 남의 눈에 띄고 싶어 안달하는 사람도 있다. 남과는 달라 보이고 싶은 욕망을 간직한 채, 타인의 삶을 엿보는 염탐의 욕구를 무럭무럭 키운 데에는 SNS의 공이 컸다. 소소한 일상을 공유하던 소셜 네트워크 채널들은 새로운 검색 엔진으로 부상했고 만연한 나르시시즘의 시대를 연 것이다. 오죽하면 '관(심)종(자)'이라는 신조어가 나왔을까. 친구도 친척도 아닌 생면부지의 관계도 랜선 친구라는 이름으로 관리되는 세상, 전 같으면 하객으로 직접 참석해야만 볼 수 있는 남의 결혼식들도 우리는 언제든 원하기만 하면 검색어 하나로 마음껏 들여다볼 수 있게 되었다. 간단한 해시태그 하나만으로도 콸콸 쏟아지는 이미지 정보들은 유용함을 넘어 소화불량에 걸릴 지경이다.

결혼 준비를 시작함과 동시에 SNS로 돌진하는 예비 신부들은 너 나 할 것 없이 한 번쯤 이 소화불량 상태를 통과의례처럼 겪곤 한다. 자료를 수집하고 열람하기 위해 시작된 검색의 행위는 범람하는 이미지들 속에서 중심을 잃고 만다. 쉴 새 없이 질주하다 과열된 엔진으로 트랙을 벗어난 경주차처럼.

'셀프 웨딩'과 '스몰 웨딩'이라는 단어가 예비 신부들에게 회자되기 이전, 그 시발점은 연예인들의 비공개 결혼식이라고 추정된다. 본격적으로 유행어처럼 번진 건, 카리스마 넘치는 디바와 옆집 언니의 친근한 이미지를 자유롭게 넘나드는 이효리의 결혼식부터였을 것이다. 그녀의

제주도 집 앞마당에서 치러진 결혼식에 초대받은 이는 가족들과 가까운 지인 몇몇뿐이었겠지만, 소속사가 인터넷을 통해 공개한 소박하고 아름다운 결혼식 사진들은 많은 예비 신부에게 작은 결혼식의 매력을 단박에 이해시켰다.

황금빛 밀밭 길을 걸어와 혼인서약을 했던 원빈·이나영 커플의 결혼식도 마찬가지다. 한복을 차려입고 앞치마를 두른 아낙들이 밀밭 한켠에서 가마솥에 국수를 삶던 모습은 예비 신부들뿐 아니라 웨딩 마켓 종사자들에게 그야말로 비주얼 쇼크였다.

결혼식은 곧 부모들의 잔치라는 등식이 당연하던 시대를 빠져나오는 길목에서 그들이 보여준 결혼식 형태는 참으로 시의적절했다. 그러나 제주도에 세컨드하우스를 갖거나 밀밭에 그랜드 피아노를 옮겨다 놓을 능력과 배포가 없는 대다수에게 그 모습들은 그저 넘을 수 없는 4차원의 벽일 뿐이다. 요샛말로 넘.사.벽. 푸른 하늘을 이고 녹색의 대지가 펼쳐진 장소를 통으로 대관해 하객들을 불러 모을 수 있는 능력은 대다수에게 주어진 현실과는 사뭇 다르다.

그러나 소비자의 욕구가 감지되면 바로 반응하는 것이 자본주의의 생리가 아니던가. 게다가 과밀 인구의 대한민국 시장경제는 소비자의 부름에 응답하는 상품을 자판기의 속도로 내놓는다.

인터넷을 통해 확산된 이미지들에 의해 스몰 웨딩과 야외 웨딩에 대한 관심이 빠른 속도로 증폭되자 웨딩 마켓도 발 맞추어 움직였다. 그 결과, 자연과 어우러진 아담한 공간에서 결혼식을 올릴 수 있는 장소들이 대거 등장하게 되었다. 인터넷의 바다에는 매일같이 수백만 개의 이미지들이 쉴 새 없이 새로 업로드되고 있다. 하루에 업로드되는 유튜브의 동영상을 다 보려면 꼬박 18년이 걸린다고 한다. 광활한 검색의 바다에 영리하게 그물을 친다면 나만의 개성 있는 웨딩을 설계할 팁을 잔뜩 낚아 올릴 수 있다. 남들이 하는 건 다 해봐야 직성이 풀리면서도 남들과는 차별화되어 보이고픈 욕구 사이에서 끊임없이 자아가 충돌하고 갈등하겠지만, 주어진 환경과 상황이 다른 타자와 자신을 단순 비교하는 맹목적 추종은 곤란하다. 자신에게 맞는 세련된 해석이 필요하다.

남이 대신 해주는
DIY

특유의 간결한 디자인에 저렴한 가격, 구매자가 직접 공구를 가지고 놀이처럼 몰두해 완성품을 만들어내는 성취감을 자극해 세계적 기업이 된 스웨덴 태생의 가구 브랜드가 한국에 상륙한 지도 7년이 흘렀다. 토종 브랜드를 고사시킬 거라는 우려로 국내 가구 시장을 벌벌 떨게 했던 당초의 예상과는 달리 막상 뚜껑을 열어보니 그리 무시무시한 기세는 아닌 양상이다. 아름다운데 싸고 빨라야 하며 편하기까지 해야 하는, 공급자의 서비스에 대한 기대치와 요구치가 높은 한국의 소비자들에게 직접 조립하는 과정은 놀이가 아니라 노동으로 느껴진 탓이리라.

비슷한 양상은 웨딩 마켓에서도 목격된다.

신세대 커플들은 과거 부모나 선배 세대의 규격화된 형태의 형식적인 결혼식이 아닌, 자신들만의 감성이 반영되고 하객들이 함께 즐기며 경험을 공유할 수 있는 웨딩을 스스로 기획하고자 한다. 새롭고 특별한 웨딩을 위해 본인들만의 결혼식 행사를 직접 프로그래밍하면서, 준비 과정에 적극 참여하는 경험 자체를 통해 자아를 드러내고 감성에 대한 욕구를 충족시키고자 하는 것이다. 그들이 명명한 용어인즉 '셀프 웨딩'.

자, 이 '스스로 해요' 콘셉트로 결혼식 행사를 준비하려면 하드웨어와 소프트웨어에 대한 정보수집과 수집한 정보에 대한 검증 및 계획적 실행이 뒤따라야 한다. 인터넷의 바다에 넘쳐나는 정보들을 취합하고 걸러내 본인들이 직접 실행으로 옮기려 할 때, 대부분은 이내 귀차니즘이 발동하거나 경험의 부재에서 비롯된 시행착오를 겪기 일쑤다. 감성을 충족하고자 하는 욕구와 편하고자 하는 욕구가 정면충돌하는 것, 혹은 '스스로 해요'를 통해 상당 부분의 비용을 절감하려던 목표가 허물어지기도 한다. 사전 경험이 불가능한 웨딩의 특성상 비전문가의 어설픈 접근은 오히려 불요불급한 추가 지출을 야기하는 경우가 더 빈번한 것이 현실이기 때문이다.

직접 발품과 손품을 팔아 준비했다는 능력자들의 자랑스러운 경험담을 목격할 때 그보다 더 나은 결과물로 주변을 놀라게 하고 싶을 테지만, 애석하게도 그런 능력과 시간은 모두에게 공평하게 주어지지 않는다. 그러므로 바쁜 직장 생활과 결혼 준비를 병행해야만 하는 대다수는 모든 편의시설이 갖춰져 있고 시스템이 매뉴얼로 짜인 웨딩홀로 발걸음을 돌리는 것이다.

결혼 준비 대행 서비스를 이용하는 것은 웨딩플래너라는 직종의 폭발적인 확산으로 이제는 보편화된 양상이다. 결혼식이라는 이벤트 자체가 대부분의 커플에게는 처음인 터라, 경험해보지 못한 일생일대의 거사를 준비하는 과정에서 길잡이 역할을 하는 웨딩플래너에 대한 의존도 또한 높아질 수밖에 없다. 그들이 간접 경험을 통해 추려내 제안하는 샘플들의 옵션은, 결혼식과 관련된 여러 품목의 비교우위를 가늠하며 매 순간 선택의 기로에 놓이는 커플의 결정 장애를 해소하는 데 일조하고 있다. 결국 개별 여행의 자유로움을 유지하면서도 가이드가 제공하는 교통의 편리함을 누릴 수 있는 일일 투어나 도슨트의 설명이 필요한 미술관 투어를 옵션으로 추가 가능하듯, 원하는 몇몇 품목만 전문가의 도움을 받는 것이 가능해졌다.

그렇다고 모든 면에서 만족스러운 건 아니다. 결혼식이 처음인 커플이 결혼식 준비와 기획에 서툰 것은 당연하니 그들이 불편해하고 쉽게 해결하지 못할 미션들을 망라해 대신할 수 있어야 하건만, 애석하게도 한국에서는 기획자의 역할을 포괄해 수행해주는 웨딩플래너가 무척 드물다. 플래너의 자질이나 역량이 부족한 것이 아니라 애초에 플래너의 업무 범위를 스(튜디오)/드(레스)/메(이크업) 상품을 중개하는 판매자 혹은 예약 대행 서비스 정도로 인식하고 있기 때문이다.

'기획'이라는 무형의 서비스 상품을 이용하는 것에 대가를 지불하는 데한국의 소비자들이 매우 인색하다는 것이 그 배경이기도 하다. 전 세계에 K-pop의 위상을 전도한 몇몇 대형 연예 '기획'사들이 탄생했건만, 유독 웨딩 마켓에서는 이 '기획'이라는 작업의 가치가 폄하되고 그 수고가철저히 무시되고 있는 것이 현실이다. 주관적인 가치의 만족감을 높이려면, 흩어져 있던 아이디어를 조립해 완성품으로 만들어내는 과정을타인이 대신하는 수고를 인정해야 한다. 그리고 그 인정을 기꺼이 대가로 지불하라.

코로나가 가져온 변화–
더 작게, 더 특별하게,
더 섬세하게

범지구적인 재앙인 코로나 바이러스의 침공으로 인해 국경이 봉쇄되고 하늘길이 막히는 초유의 사태를 겪었다. 사회적 거리두기라는 생소한 개념을 일상으로 받아들여야만 했던 상황에서 많은 사람이 모여 웃고 떠들고 포옹하고 먹어야 하는 결혼식도 팬데믹의 직격탄을 맞는 데 예외가 아니었다.

감염병의 확산을 막기 위해 하달된 행정명령의 하나인 집합금지 조치로 인해, 실내 공간 기준 50명 이상이 모이는 행사가 전면 금지되기에 이르렀다. 49명 인원에 맞춰 하객 숫자를 조절해 초대하는 혼주의 입장에서도, 참석할 하객의 입장에서도 조심스러운 상황이다 보니, RSVP가 그 어느 때보다 정중하고도 정교해졌다. 코로나 상황이 종식되더라도, 이를 계기로 예비 커플들에게 이미 자리 잡힌 개념, 즉 '스몰 웨딩'은 더욱 가속화할 것으로 예측된다.

그러나 스몰 웨딩이라는 용어를 '작은 결혼식'만으로 해석하기에는 무리가 있다. 초대객의 숫자를 줄이는 규모의 축소라는 의미도 있지만, 친밀한 소수의 하객들에 초점이 맞춰진 'private(사적인)'이라는 개념을 함께 아우를 필요가 있다. 신랑 신부를 비롯해 혼주들, 즉 웨딩의 주인 공들을 밀도 있게 축하해줄 소수정예의 하객들만 초대하니, 가깝고 소중한 그들에게 더욱 정성을 다하기 위해 그리고 신랑 신부 자신들을 위해 차별화된 웨딩을 준비하고 싶어지는 것이다. '작지만 섬세하게'라는 감성적인 측면을 깊이 고려한 결혼식에 대해 관심이 높아지는 것이 당연하다.

그림 같은 제주도 집 마당에서의 결혼식 모습으로 스몰 웨딩 트렌드에 불을 지핀 이효리도 모 방송의 토크쇼에서 토로한 바 있다. 작은 결혼식의 대명사가 되어버린 자신의 결혼식은 사실 초호화 결혼식이었다고. 서울에서 내려온 친지들과 친구들을 재우고 먹이는 비용은 둘째 치고, 오직 자신만을 위해 마련된 세상에 한 벌뿐인 드레스를 입고 한국 최고의 사진작가를 결혼식 촬영에 불러 올 수 있는 건 연예인이라는 신분 덕에 가능했던 인맥 활용이라고 증언했다.

원빈-이나영 커플도 마찬가지다. 미디어들은 앞다투어 그들의 밀밭 결혼식에 소요된 비용이 민박집 대여 20만 원이라고 보도했지만, 대한민국을 대표하는 디자이너에게서 웨딩드레스를 선물받는 건 모두에게 가능한 행운일 리 없다. 밀밭 한가운데 놓인 그랜드 피아노와 국수를 삶아내던 가마솥들은 모두 제 발로 걸어왔겠는가 말이다.

이렇듯 본인에게 우선순위가 있는 가치와 대상을 가려내 지출을 아끼지 않는, '선택'과 '집중'을 통해 완성도를 높인 소규모 웨딩에 대한 욕구는 더욱 심화할 것으로 예측된다. 경제적인 면만을 축소한 예식이 아니라 틀에 짜인 결혼식 형태를 거부하고 개성과 의미를 담은 '작지만 특별

한 결혼식'의 기획은 더욱 많아질 것이다. 새롭고 특별한 어떤 것을 위해 본인들만의 감성이 반영될 수 있는 웨딩 이벤트를 디자인하고 기획하면서, 준비해가는 그 과정과 경험 자체를 통해 자신들을 적극적으로 표현하고자 하는 욕구를 충족시키기 원할 것이다.

이전 세대의 경우, 신랑 신부가 소수의 지인들과 함께 여유롭게 즐길 수 있는 개성 있는 웨딩 형식을 원할지라도, 적절한 공간 확보의 어려움과 고비용에 대한 부담, 거기에 부모들의 보수적인 시선까지 더해져 실행에 어려움이 많았다. 그러나 최근 커플들은 고급스러운 웨딩을 통한 감성적 욕구를 충족시키되 하객 수를 줄임으로써 비용 절감의 방법을 택하는 듯 보인다. 특히 풍광을 만끽할 수 있는 공원이나 바다 등 야외 공간을 활용하여 진행하는 웨딩에 대한 선호도가 높아지고 있을 뿐 아니라, 나아가 하객들과 다 함께 여행을 즐기며 추억을 공유하는 데스티네이션 웨딩의 형식을 차용해 국내의 아름다운 여행지를 결혼식 장소로 고려하는 커플도 늘어나고 있다.

팬데믹의 현실이 가혹할수록 로망은 커지는 법. 타인과 구별되는 특별함, 새로운 시도와 창의성이 예식 전반에 발현된다. 결혼식의 완성도는 더욱 높아질 것이고 하객들은 기꺼이 그 초대에 응할 것이다.

2

웨딩,
여행을
떠.나.다.

데스티네이션 웨딩이
뭔가요?

점점 더 작아지는 결혼식 규모의 배경에 대해서는 이미 앞 챕터에서 설명했다. 특히 유학 후 현지에서 직장 생활을 하며 경제적 독립까지 이루어낸 커플들은 자신들의 소재지와 한국에서 각각 참석할 축하객들의 물리적 거리를 고려한 중간 지점으로 그들을 초대해 결혼식과 함께 여행을 즐기는 데스티네이션 웨딩Destination Wedding을 계획하는 경우가 늘어나고 있다.

우리에겐 아직 익숙하지 않은 이 '데스티네이션 웨딩'이라는 용어를 간단히 설명하면, 커플의 거주지가 아니면서 신랑 신부에게 특별한 의미가 있는 곳, 특히 해외에서의 웨딩을 일컫는다. 결혼식은 물론 결혼식과 관련된 여러 이벤트 및 축하 파티를 위해 하객들이 주말 동안 머물며 즐길 수 있는 시설이 완비된 리조트에서 진행되는 경우가 많다. 하객들이 떠난 후 같은 장소에서 신랑 신부의 오붓한 허니문이 이어지기도 한다.

휴가지로 여행을 온 듯한 형태의 웨딩에 대한 관심이 높아지는 이유는 무엇일까. 획일적으로 치러지는 식상한 혼인서약과 밥만 먹고 일어나는 결혼식 관행 대신, 특별한 장소에서 특별한 경험을 공유하고 싶은 까닭이다. 그저 알고 지낼 뿐인 다수의 손님들 대신, 주인공인 신랑 신부에게 의미 있고 친밀한 이들만을 초대해 진심 어린 축하를 받고 싶어서인 것이다. 예식 자체뿐 아니라 환영 연회와 각종 여가 활동들로 다 함께 미니 휴가를 즐기며 긴 주말을 함께 보내는 경험을 공유하는 것이므로, 소중한 사람들을 위해 더욱 섬세하게 준비해 잘 대접하고 싶게 마련이다. 200~300명의 하객을 위한 예산을 60~80명에게 집행하는 셈이니 결국 '선택과 집중'을 하는 것이다.

하지만 결혼식을 준비하는 과정에서 갈등과 스트레스가 없을 수 없다. 우리에게 익숙한 형태의 결혼식이 아닌 데스티네이션 웨딩 준비 중에는 더 힘든 미션 수행 과정을 감당해야 할 것이 뻔하다. 의사소통에 불편함이 없는 내 나라를 놔두고 원거리 휴가지에서의 결혼식을 자신의 취향으로 꾸미고 갖가지 디테일들을 준비하며 하객들을 위한 각종 배려까지 고려하다 보면 부담과 스트레스로 무료할 틈이 없다.

그러나 결혼식이 끝난 후 서둘러 떠나지 않아도 되는 하객들과 여유 있게 식사를 하고 축배를 나누며 이틀 이상의 시간 동안 여러 종류의 작은 파티들을 온전히 함께 즐길 수 있는 데스티네이션 웨딩의 매력이야말로 준비 과정의 고행을 기꺼이 감수할 만한 큰 유혹이다. 이국으로 날아오는 동안의 고단함은 잠깐이며, 따뜻하고 낭만적인 배경의 휴가지로 초대받은 행복한 친구들과 어우러져 자연스럽고 멋진 사진으로 추억을 기록해 남길 수 있는 축제가 시작된다.

데스티네이션 웨딩에 적합한 장소는 어디일까. 물론 원하는 어디든 가능하지만 경제적·시간적 제약을 고려해 좀 더 현실적으로 접근할 필요가 있다. 예를 들어, 하객들의 편의를 배려해 직항의 비행 편이 있는 나라와 주 공항에서 너무 멀지 않은 장소가 적합하다.

가장 가깝고 소중한 이들과 이국의 리조트에 다 함께 머문다는 것은 그 자체로 충분히 비밀스럽고 로맨틱한 무언가가 있다. 대개 이런 리조트들에는 헌신적인 접객 태도를 갖춘 매니저와 훌륭한 요리사가 있으며 풀사이드 파티가 가능한 프라이빗 수영장 등 여러 부대시설 또한 이용 가능하다. 베뉴* 매니저Venue Manager 혹은 리조트 컨시어지Resort Concierge의 도움으로 현지 플래너를 소개받아 결혼식 장소를 아름답게 꾸며줄 전문가부터 연주팀, 예식 진행자에 이르기까지 웨딩 이벤트

에 필요한 인력을 섭외할 수도 있다.

데스티네이션 웨딩과 관련해 가장 빈번하게 받는 질문이자 민감한 이슈는 '하객들을 초대하는 비용을 신랑 신부가 어느 범위까지 부담하는가'이다. 모든 하객의 항공료와 숙박비를 신랑 신부가 짊어져야만 하는 것은 아니다. 물론 재정적으로 풍족해서 참석 여부가 간절하지 않은 하객에게까지 모두 항공권을 보내고 숙박을 예약해줄 수 있다면 고민할 필요가 없겠지만 말이다. 가장 현명한 것은 솔직하고 담백한 의사소통이다. 해외 예식에 하객으로 참석하기 위한 부대비용을 알리고 그들이 예산을 세울 수 있도록 정확한 정보를 제공하는 것이 좋다.

다음 페이지에 열거한 내용들은 데스티네이션 웨딩이 낯설지 않은 외국의 경우들을 근거로 정리한 글로벌 스탠더드에 가깝다. 그러나 우리처럼 축의금 문화가 있는 경우, 항공권과 숙박비에 대한 내 개인적인 생각은 초대객들이 자비로 항공권을 구입해 참석하는 것으로 축의금을 대체할 수 있지 않을까 하는 것이다. 그런 그들을 위해 신랑 신부는 숙소를 제공하고 항공권은 하객들이 각자 부담하는 것을 대안으로 제시하고 싶다.

대신 신랑 신부는 환영 만찬rehearsal dinner과 결혼식 피로연wedding reception, 송별 브런치에 갖출 식사와 음료 및 주류는 물론, 선블록과 플립플랍, 작은 기념품 등으로 채워진 선물 가방goody-bag에 따뜻한 환영의 메시지를 담아 준비할 것을 권한다.

대부분의 예비 커플에게 데스티네이션 웨딩이란 생소할 수밖에 없고, 결혼 준비에 아직은 부모의 입김이 크게 작용하는 한국의 혼례 관습을 감안하면 결코 쉬운 형태의 결혼식이 아니다. 참석할 하객이 누구이건 간에 개의치 않고 넓은 인맥을 두 팔 벌려 환영하는 분위기의 잔치 같은 결혼식을 생각한다면 특히나 권할 게 못 된다. 그들 중 상당수는 시간적 제약과 경제적 부담으로 인해 장거리 여행이 필수로 수반되는 외국에

서의 결혼식에 참석이 어려울 것이며 신랑 신부의 재정적인 부담도 곱절로 커질 것이다. 누군가는 가족 동반 가능 여부를 타진하며 신랑 신부를 난처하게 만들고 RSVP를 난항에 빠뜨릴 것이다.

그러나 이 모든 어려움에도 불구하고 데스티네이션 웨딩을 오랫동안 꿈꿔왔던 커플이라면 도전해볼 만하다. 커플이 갈망해온 의미 있는 장소를 골라 그곳에 어울리는 콘셉트라면 뭐든 가능하다. 푸른 바다를 배경으로 한 비치 웨딩에서 플립플랍을 신고 입장할 수도 있고 심지어 맨발이어도 무방하다. 디즈니 코스튬처럼 화려하게 과장된 드레스나 진지한 턱시도를 필요로 하지도 않는다. 예식이 끝나자마자 죄다 벗어 던지고 수영복 차림으로 풀에 뛰어드는 파격도 얼마든지 허용된다. 혹은 파티오로 질주해 음악에 몸을 맡긴 채 샴페인에 취해도 좋다. 별들이 하나둘 떠오르면 파티의 흥은 더욱 고조될 것이니.

항공권(Flights)

데스티네이션 웨딩을 계획하고 예산을 편성하는 과정에서 가장 우선적으로 필요한 조건이 항공편에 대한 것이다. 초대객들의 항공권 마련을 위해 신랑 신부가 반드시 셈을 치를 의무는 없다. 다만 일반적인 청첩의 시점보다 초대장을 더 일찍 보내는 것은 매우 중요한 일이다. 각각의 하객이 참석 여부에 대한 결정과 휴가 계획을 세우고 예산을 점검할 충분한 시간을 제공해야 한다.

예비 신랑 신부가 기꺼이 항공권 비용을 부담할 수 있는 몇몇 예외적인 하객도 있다. 손자 손녀의 결혼식에 그 누구보다 참석하고 싶겠으나 경제활동에서 은퇴한 지 오래되어 왕복 비행기 삯이 부담스러우실 조부모님 혹은 막 아기가 태어나 계획에 없던 지출에 예민할 수 있는 신랑 신부의 절친이 바로 그러하다. 만약 그런 이들을 위해 신랑 신부가 항공권을 마련해놓는다면, 그들의 마음속에 오래도록 각인될 따뜻하고 고마운 배려이다. 단, 이 특별한 배려에는 주의가 따른다. 자비로 부담해야 하는 다른 하객들이 알게 되면 서운해할 수도 있음을 헤아려야 한다.

호텔과 숙박(Hotels & Accommodations)

50명 이상의 하객을 수용하는 결혼식이라면, 모두를 한 지붕 아래에서 접대하기 어려울 수도 있다. 이틀 이상 머물러야 하는 데스티네이션 웨딩 이벤트의 특성상, 비용 절감을 위해 숙박 비용이 좀 더 저렴한 호텔이나 인근의 다른 지역에 머물고자 하는 친구들이 있을 수 있다. 혹은 친구들 여럿이 어울려 왁자지껄 함께 지내고 싶어 할 수도 있으므로 누군가는 에어비앤비를 선호할지도 모른다. 초대 손님들이 자신들의 숙소 비용을 자비로 부담해야 할 경우, 이런 궁금증은 매우 일반적이므로 비용을 조절할 수 있는 선택 사양을 초대객들에게 제공하는 것이 중요하다.

웨딩 이벤트의 예약에 리조트 측의 요구 사항이 있는 경우도 있다. 개인 별장 같은 작은 규모의 부티크 호텔이나 건물 한 동을 통째로 사용하는 빌라 단지 같은 곳은 결혼식 행사를 위해 리조트 전체를 통째로 대관할 것을 조건으로 내세우기도 한다. 리조트의 입장에선 시설물을 공유해야 하는 다른 투숙객들의 항의를 피하기 위함이고, 신랑 신부는 그들의 결혼식 초대객이 아닌 외부인의 방해를 받지 않아도 되므로 나쁘지 않은 조건이다. 또 한 가지, 이런 형태의 리조트에 웨딩 이벤트를 예약하면서 가족들과 친구들의 숙박 비용을 절감할 수도 있다. 통째로 대관하는 대신에 파격적인 할인을 요청하면 비용을 절감하는 동시에 보다 편리한 접근성도 확보할 수 있다.

만약 초대객들이 감당하기 어려운 수준의 특별함을 신랑 신부가 구체적으로 원한다면, 아마도 자신들의 웨딩 파티를 위해 하객들의 숙소 비용을 지불하려는 생각일 것이다. 가족들을 포함해 그들 인생에서 특별한 의미가 있는 손님들을 위한 선물로 말이다.

가문의 **전통**과
가톨릭 의식

2009년 7월, 마닐라, 필리핀

인생이 늘 계획한 각본대로만 착착 흘러간다면 무슨 드라마가 있겠나. 느닷없이 두 갈래 세 갈래 길이 나타나 우물쭈물하게 되고 신호등 없는 교차로에서 당혹감을 느끼기도 하며, 오랜 갈등 끝에 선택한 길의 끝이 막다른 골목이라는 걸 별안간 직면하기도 하는 것이 바로 판독이 어려운 인생의 지도다.

나 또한 지금의 내 모습을, 30대 중반을 넘긴 시점까지도 전혀 예상하지 못했다. 지금의 내 모습은 내가 치밀하게 그린 설계도에 의해 철두철미하게 계획되고 재단된 모습이 절대로 아니다. 직장 생활 10년 차를 훌쩍 넘긴 30대 중반의 시점까지도 내 소박한 꿈은 그냥 평생 직장인의 신분으로 정해진 월급을 받으며 무난하게 사는 것이었다. 내가 걷고 있는 길이 가장 평탄하고 보드라운 길이라 믿으며 타박타박 열심히 걸어왔던 그 길에 더 이상 나아갈 곳이 없음을 문득 자각한 2008년의 여름까지는 말이다.

내가 뉴욕 지사의 책임자로 근무하던 중견 패션 회사가 대기업에 흡수 합병되어 자의 반 타의 반으로 퇴사를 결심하게 된 것이 2008년 여름이었다. 그 어떤 회사도 당시 나이 마흔을 목전에 두고 있던 기혼 여성을 위해 자리를 만들어놓고 반겨줄 리 만무한 시절이었다. 쫓기듯 귀국 시점이 정해지자 내게 남은 옵션은 단 하나뿐. 대한민국 경제활동 인구의 20%를 상회한다는 자영업, 바로 창업의 길뿐이었다.

회사의 그늘막을 벗어나 서울로 돌아온 사업 초보자의 좌충우돌이 시작되었고, 생계를 담보 잡혔다는 조바심에 매일매일의 기도가 간절해지던 차에 아름다운 귀인이 내게 나타났다. 이웃으로 의지가없었던 내게 패션업계의 오랜 지인이 아리따운 주얼리 디자이너를 연결해주었고, 나보다는 어리지만 사업 선배인 그녀와 마음을 나누며 쌓게 된 우정은 아슬아슬 위태로웠던 내 마음을 깃들일 안식처가 되었다.

그녀를 귀인으로 여기게 된, 그리고 '우리가 결국 만날 수밖에 없었겠구나' 하고 생각하게 된 놀라운 인연의 에피소드는 그 후에 전개되었다. 남자 친구의 존재를 미처 알기도 전에 그녀의 결혼 소식이 들려와 축하를 전했으나, 본인의 스타일이 확고했던 그녀가 나의 신부 고객이 되리라고는 전혀 기대하지 않았다. 나와의 우정을 위해 취향을 포기할 순 없으니 별개라고 여기고 있었다. 그래도 궁금하긴 했다.

샌프란시스코에서 휴가를 보내던 중 입어보았던 스타일을 본인의 웨딩드레스로 마음에 두고 있다며 얘기를 꺼낸 그녀는, 샌프란시스코의 부티크에 이메일과 전화로 드레스를 주문하려는 계획이었다. 웨딩드레스의 전형인 신데렐라 볼가운ball-gown이 아닌, 본인이 원하는 빈티지 클래식 무드의 브라이덜 컬렉션이 한국에 들어와 있을 거라는 기대가 전혀 없었던 탓이었다. 그도 그럴 것이, 당시만 해도 디자이너의 아이덴티티와 감성이 적극적으로 반영된 외국의 웨딩드레스 브랜드들이 국내에 다양하지 않던 시절이었으니 당연했다.

멋쟁이 그녀에게 낙점된 드레스가 어떤 스타일일까 궁금하던 내게 그녀가 사진을 보여주던 순간, 전율이 일었다. 지나가는 이를 돌아보게 할 만큼 눈에 띄는 이국적인 미모에 스타일 좋은 취향을 갖고 있던 그녀가 마음속에 품고 있던 'the dress'는, 당시로선 한국에서 생소한 브랜드인 렐라 로즈Lela Rose였다. 오랜 시간 패션 기업에서 이력을 쌓은 나로서는 웨딩드레스 편집숍을 창업하며 고루한 한국의 웨딩룩에 변화를 주고 싶었고, 그래서 더욱 스타일리시한 브랜드들로 첫 컬렉션 라인업을 꾸렸는데 그때 내가 한눈에 반한 것이 디자이너 렐라 로즈의 브라이덜 라인이었던 것이다.

단일 브랜드의 단독 매장과는 달리, 편집매장은 말 그대로 주인장의 취향이 반영된 스타일들로 엄선해 구성되므로 주인장의 취향은 곧 그 매장의 성격을 정의한다. 그렇다 보니 특정 브랜드의 전 스타일을 들여오지는 않는데, 그녀가 한눈에 본인의 웨딩드레스로 점찍었던 스타일은 운명처럼 나의 숍에 도착해 있는 드레스였다.

그녀는 서울에서 렐라 로즈의 그 드레스와 재회하게 되었고, 우리에게 일반적인 시스템인 대여가 아니라 본인의 드레스를 주문한 나의 최초의 신부 고객이 되었다. 드레스 트레인train의 길이를 늘이는 커스터마이징 주문과 베일 및 액세서리의 스타일링을 도우며, 웨딩룩 스타일리스트이자 하객으로 나는 그녀의 결혼식 초대에 응했다.

해외에서의 웨딩이 흔하지 않던 12년 전, 외국인 남성을 배우자로 맞게 된 그녀의 결혼식 장소는 필리핀의 마닐라였다. 신랑의 국적은 스페인인데 그들의 가족과 친지는 마닐라에 있고 결혼식 장소 또한 마닐라로 결정되었으니, 엄밀히 말하자면 데스티네이션 웨딩은 아니었다. 신혼살림 역시 마닐라에 터전을 잡게 된 그들 커플에게는 데스티네이션 웨딩처럼 느껴지지 않았겠지만 절반의 초대객들, 즉 나 포함 신부 측의 상당수 하객에게는 여행이 불가피했으니 마치 데스티네이션 웨딩처럼 마음이 들떴다.

웨딩드레스 숍의 대표라는 단순한 지위를 넘어서 결혼식을 만드는 프로듀서가 되어야겠다는 목표는 그때부터 구체화되었던 듯하다. 특히 데스티네이션 웨딩 전문가가 되고픈 갈망의 동기는 그녀의 웨딩으로부터 촉발되었음이 틀림없다.

서울을 비롯해 미국과 홍콩 등 각국에서 날아올 하객들을 위한 숙소는 마닐라의 유서 깊은 페닌슐라 호텔이었다. 근엄한 가톨릭 미사로 진행될 결혼식이 끝난 후 이동해 즐길 피로연이 마련될 곳이기도 했다.

결혼식 전날 마닐라에 도착해 체크인 후 객실에 들어선 하객들이 맨 처음 받은 환영 인사는 각 방에 비치된 선물 가방이었다. 예식 당일의 식순을 비롯해 시간대별 프로그램 안내와 마닐라 곳곳의 레스토랑, 박물관 등 즐길 거리들을 투어가이드처럼 정리해놓은 소책자가 소소한 선물들을 담은 작은 가방에 다정하게 매달려 있었다.

객실에서 비행 여독을 푼 하객들을 기다리던 첫 번째 공식 일정은 예식 전날의 리허설 디너였다. 필리핀 스타일은 신부의 집에서 송별 파티를 하는 것이 전통이라는데, 이 커플의 경우는 마닐라에 있는 신랑의 본가에 마련되었다는 점에서 조금은 더 특별했다. 이브닝드레스 대신 우리의 전통 한복 차림을 선택한 신부와 여동생, 그리고 친정어머니까지 세 모녀의 고운 한복 자태가 돋보였던 자리다.

결혼식 참석을 위해 멀리 해외에서 날아온 하객들에 대한 환영의 인사와 함께 가족 친지들과의 결속을 다지는 의미를 부여한 화목한 홈파티는 친정어머니와 시아버지의 감사 스피치로 마무리되었다.

옆 사진은 예식 당일인 다음 날 점심 무렵, 신부의 가족이 머물고 있던 페닌슐라 호텔의 스위트룸에서 준비가 한창인 모습이다. 신부의 드레스 환복을 비롯해 소소한 수발을 돕고 있는 이는 신부의 여동생이다. 서양에서는 메이드 오브 오너maid-of-honor(들러리의 대표)가 신부의 환복과 치장 준비를 돕는 것이 일반적인데, 대개 신부의 여동생이 이 역할을 맡는다. 자매가 없다면 신부의 가장 친한 친구들 중 한 명에게 부탁하기도 한다. 한국에선 속칭 '이모님'이라 불리는 드레스 헬퍼(dresser, '드레서'가 정확한 표현이다)가 이 역할을 대행한다. 그들에 비해 현장 경험이 풍부하고 전문성을 갖춘 특수직이다.

결혼식 장소는 마닐라의 오랜 역사를 간직한 성 안토니오 성당Santuario de San Antonio이었다. 19세기 스페인 식민지 시대의 건축 양식이 남아 있는 고풍스러운 성당이다. 한국에서도 성당 결혼식을 많이 보아왔

① 베스트맨bestman
② 신랑과 부모님
③ ④ ⑤ ⑥ 결혼식의 증인이
되어줄 네 커플
⑦ 베일 스폰서veil sponsor
⑧ 코드(묵주) 스폰서cord sponsor
⑨ 캔들(화촉 점화) 스폰서candle sponsor
⑩ 링 베어러ring bearer
⑪ ⑫ ⑬ 플라워걸flower girls
⑭ ⑮ ⑯ ⑰ 신랑 신부 들러리
groom's men & bride's maids
⑱ 메이드 오브 오너maid of honor

지만, 유럽의 관광지에서 투어로나 구경해보던 장중한 성당에서의 혼인성사를 하객으로 참석해 온전히 지켜본 것은 처음이었다. 정통 가톨릭 의식으로 치러진 결혼식 미사의 의례는 근엄하고 성스러운 아름다움들로 가득했다. 우선은 신랑의 입장 이후 신부가 들어서기 전까지 웨딩 앙투라지wedding entourage의 입장 순서와 규모부터가 장관이었다.

옆 페이지 사진에 열거한 총 32명의 앙투라지 입장이 모두 끝나고 각자의 위치를 잡은 후에야 비로소 신부의 입장이 시작되고 하객들은 모두 자리에서 일어나 신부를 맞는다. 줄지어 입장한 많은 후견인들과 들러리들에게는 모두 이 예식을 위해 부여된 저마다의 역할이 있었는데, 양가의 어머니들이 화촉 점화를 하는 한국의 결혼식과는 달리 캔들 스폰서candle sponsor로 불리는 후견인들이 초를 밝히며 혼인성사의 시작을 알린다.

내게 생소했던 것은 베일 스폰서veil sponsor의 역할이다. 신랑의 가문에서 혼인성사가 있을 때마다 사용되는 미사 베일로 신랑과 신부를 둘러 감싼다. 그다음은 코드 스폰서cord sponsor가 앞으로 나와, 역시 신랑의 가문에서 혼인성사가 있을 때마다 사용되는 묵주를 사용해 두 사람을 하나로 엮는다.

가문의 미사 베일과 묵주를 두른 신랑 신부의 뒷모습은 진중해 보였고, 혼인성사는 시종일관 경건하게 진행되었다. 가톨릭 신자가 아닌 하객들 중 그 누구도 혼인성사 도중 자리를 이탈해 밖으로 나가는 이 없었으니, 결혼식은 뒷전이고 밥부터 먹으러 가는 한국의 성당이나 교회에서의 결혼식 풍경과는 대조되는 모습이었다. 가톨릭 신자가 아니더라도, 종교인이 아니더라도, 결혼식 초대에 응했다면 예식의 전 과정에 온전히 참여해 집중해주는 것이 하객으로서의 에티켓이 아닐까. 한국에서 상당수의 하객이 예식을 지켜보지 않고 성당과 교회 밖을 서성이는 모습을 목격할 때면 늘 씁쓸한 아쉬움이 들곤 했다.

나도 종교인은 아니지만, 종교 시설에서의 예식에서만 느낄 수 있는 진

지한 여운과 묵직한 울림을 존중한다. 사는 곳 지척에 이렇게 멋진 성당이 있다면 매 주말 남의 결혼식을 구경하러 와도 좋겠다는 생각이 들 만큼 그녀의 혼인성사는 내게 성스러운 감정의 세례를 선사했고 경건한 미감을 각인시켰다.

가톨릭 의례에 따른 신랑 신부의 혼인 합의와 주교 신부의 혼인선언이 이어진 후 서로에 대한 신의의 징표로 반지를 교환한 후 혼인성사는 마무리되었다. 그러나 한국에서 볼 수 없었던 특별한 절차 한 가지를 더 볼 수 있었으니, 가톨릭 교회의 혼인 증명서에 신랑 신부가 서명을 하는 장면이었다. 혼인성사는 교회 공동체로부터 두 사람이 공증을 받는 절차이기도 하다. 두 사람이 이전에 결혼 사실이 없는지를 확인하려면 혼인관계 증명서를 봐야 하는 것이고, 다른 배우자가 따로 없다는 사실을 문서로 교회 공동체에 공증하는 것이다. 모든 신자들을 불러 모아놓고 할 수 없으니 혼인성사 담당 사제가 대표로 하는 것이라고 한다.

혼인성사 후 하객들이 삼삼오오 모여 이동한 곳은 디너 리셉션이 준비된 페닌슐라 호텔의 대연회장이다. 우아한 웨딩 정찬이 마련되어 있을 뿐 아니라, 장중했던 미사 분위기와는 대조적으로 떠들썩한 파티를 마음껏 즐길 수 있는 여흥의 시간이 주어졌다. 신부의 눈에 눈물이 그렁그렁 맺히게 했던 친구들의 진심 어린 스피치는 신랑 신부를 축복하는 덕담과 함께 건배 제의로 이어졌고, 웨딩 케이크 커팅과 사랑스러운 조카들의 축가「오버 더 레인보」는 하객들을 모두 흐뭇하게 만들었다.

웨딩 정찬에 제공된 와인으로 하객들 모두 취기가 오르기 시작할 때, 신랑 신부의 퍼스트 댄스first dance를 신호탄으로 피로연의 분위기는 더욱 달아올랐다. 본격적인 댄스파티의 시작을 알리는 큐사인이었다. 신나는 디제잉 덕분에 결국 모두들 한데 어울리게 된 댄스타임에서는 아이와 어른의 구분이 없었다. 나는 그때 알았다. 아름다운 결혼식을 최종적으로 완성하는 역할은 신랑 신부가 아니라 하객들의 몫이라는 것

을. 드레스 코드를 지켜 참석한 하객들의 매너와 에티켓은 신랑 신부와의 단단한 연대를 증명해주었다.

결혼식장을 종교 시설로 옮겨 왔을 뿐 결국 밥만 먹고 떠나는 한국의 교회나 성당 예식과는 달리 비신자조차 몰입하게 만든 엄숙한 혼인성사와, 체력이 다할 때까지 파티를 즐기며 신랑 신부를 축복하는 여흥으로 이어지는 시간은 짜릿한 반전이 절묘하게 설계된 한 편의 영화를 보는 것 같았다. 그날의 경험은 스(튜디오)/드(레스)/메(이크업)의 비교 우위를 논하고 혼수품 쇼핑에 전력 질주하는 것이 결혼 준비의 전부가 아님을 각성시켜주며 앞으로 내가 해야 할 일에 대한 목표 설정의 나침반이 되었다.

누군가에게 의미 있고 중요한 과정이 누군가에게는 번거롭고 불필요한 절차처럼 느껴질 수 있다. 혹자는 여유 있는 소수의 사치라 비난할지도 모르겠다. 비용과 시간을 아낌없이 투자할 수 있는 사람은 많지 않다는 걸 안다. 격식을 강요하려는 것도 아니다. 그러나 격식과 허례허식이 늘 동의어일 수는 없는 법이다. 중요한 것은 각자에게 주어진 상황에서 의미를 찾고 갖출 수 있는 격식이 분명히 존재한다는 것이다. 일견 하찮아 보일지라도 각자에게는 더없이 소중하고 특별한 의미 있는 전통이나 의례가 있게 마련이다. 열심히 찾고자 하지 않아서 발견하지 못했을 뿐이다.

결혼식이라는 틀에 반짝반짝 윤기를 더해 나만의 특별한 결혼식을 기획해볼 수 있는 기회를 부디 외면하지 말았으면 하는 바람이다.

한여름 밤의 **꿈**

2016년 7월, 발리, 인도네시아

한 단계만 건너면 대충 다 지인과 선후배로 얽히는 좁은 도시 서울이다 보니 그녀도 지인의 소개로 만나게 된 신부였다. 이국의 리조트에서 웨딩 이벤트를 계획 중이던 신부의 결혼식 장소를 확인하니 동남아의 환상적인 휴양지 발리의 아만Aman 리조트가 아닌가.

늘씬하고 아름다운 그녀에게 어울릴 드레스들은 어느 숍에나 차고 넘칠 터라 드레스만으로 그녀의 마음을 사로잡기에는 애초에 경쟁률이 너무 높았다. 나는 그저 그녀가 나를 낙점해주길 마음속으로 바라며 밑도 끝도 없이 혼자 아만 리조트에 대한 환상을 부풀렸다.

세상은 넓고 할 일은 많다던가. 가보지 못한 미지의 장소들은 많은 정도가 아니라 셀 수조차 없다. 뭐든 경험해봐야 한다고 믿는 내가 언젠가 출장으로 베니스를 방문했을 때 내 첫 번째 목표는, 영화제나 비엔날레 이전에 아만 베니스에서의 애프터눈 티 경험이었다. 귀부인 놀이를 할 생각에 잔뜩 별러서 차려입고 나섰지만 아만 베니스 호텔 언저리에 접근조차 할 수 없었다. 미로 같은 골목의 막다른 곳에 갑자기 물길이 나타나 여행객을 당황시키는 운하의 도시 베니스라도 공공건물의 어느 한 면은 최소한 보도에 면해 있어 도보로 접근이 가능하건만, 아만 베니스는 사면이 모두 물이어서 워터 택시 탑승이 필수인 데다 투숙객이 아니면 보트의 정박을 허락하지 않아서이다. 영화배우 조지 클루니가 왜 아만 베니스에서 결혼식을 올렸는지 고개가 끄덕여짐과 동시에, 이 도도한 아만 리조트의 전 세계 지점에 투숙해보는 것이 나의 버킷 리스트에 추가되었다.

그러니 여행이 아니고 출장이며 머무르기 위해서가 아니라 일하기 위해서 떠났지만, 아만 리조트를 경험해볼 수 있다는 것만으로도 일에 대한 보상은 충분했다. 의외성을 가진 이국적인 장소를 주로 개척하는 차별화된 콘셉트를 갖고 있어, 여행을 좋아하는 사람들이라면 누구나 마음속에 판타지로 자리 잡고 있는 호텔 브랜드가 아만 리조트다. 접근성이 떨어지는 오지나 미개척지를 선호하는 그들의 의도에 걸맞게, 발리의 아만 리조트도 글로벌 체인의 럭셔리 호텔 그룹이 밀집한 곳에 위치해 있지 않다. 차 없이는 이동이 불가능한 고요한 곳에 따로 떨어져 있으니 외부인의 접근은 저절로 통제되고 투숙객의 사생활은 완벽하게 보장되는 곳이다.

결혼식을 위해 모여든 하객들을 위한 공식 일정은 결혼식 하루 전인 금요일 저녁에 시작된다. 환영의 의미를 담아 신랑 신부가 마련한 웰컴 디너 초대가 그것이다. 리조트 소유의 프라이빗 비치에 마련된 바비큐 파티를 시작으로 하객들은 금요일부터 일요일까지 이어지는 2박 3일의 웨딩 휴가를 함께 보낸다. 미지근한 이국의 바닷바람을 맞으며 진행된 저녁 식사는 이어질 황홀한 주말의 예고편이다.

커플의 초대로 7시간의 비행을 감수하고 이곳까지 날아온 하객들의 입장에선, 주말 동안의 일정과 본인들이 수행해야 할 역할과 도움이 궁금할 테니 결혼식과 관련된 이벤트들의 일정을 시간순으로 정리한 프로그램의 준비는 필수다. 이게 없으면 "몇 시까지 어디로 가면 되냐, 우린 뭐 하면 되냐, 다음 순서는 뭐냐" 등 끊임없이 질문이 이어지므로 신랑 신부 포함 양가의 혼주들이 피곤해지고 하객들은 우왕좌왕하게 된다. 신랑 신부가 헤어 스타일링과 메이크업을 받는 동안 결혼식 준비가 이상 없이 잘 진행되고 있는지 순찰을 도는 것도 현장 코디네이터로 합류한 내 업무다. 결혼식 직후 디너 리셉션이 진행될 풀사이드에서는 테이

블 설치가 한창이고, 파티의 밤을 밝혀줄 꼬마 전구들도 촘촘히 걸리는 중이다. 도심의 불빛이 개입될 여지가 없는 오지의 리조트이니 야외 조명은 밤의 파티에서 가장 중요한 설치물이다.

단장이 한창인 신부의 룸에선 손질이 끝난 드레스가 공손하게 주인을 기다리고 있다. 드레스뿐 아니라 소품 일체도 모두 결혼식이 끝나면 내가 챙겨 갈 것들이니, 나는 이 결혼식의 특별한 순간들을 오래도록 추억할 수 있는 기념품을 신부에게 선물하고 싶었다. 캘리그래퍼에게 부탁해 신부의 이름과 날짜를 음각으로 새긴 드레스 옷걸이와 링 필로우 ring pollow, 그리고 신부의 모노그램이 수놓아진 손수건을 그녀에게 남기고 왔다. 플로리스트 신부를 위해 링 필로우는 솜 쿠션 대신 영구 보존 가능토록 약품 처리된 드라이 플라워로 만들었고, 고온다습한 열대의 리조트에서 손수건은 참으로 요긴한 소품이었다. 고장 난 샤워 꼭지처럼 쉴 새 없이 땀을 줄줄 흘리는 신랑 덕분에 두어 시간 뒤 물수건으로 유명을 달리하긴 했지만.

결혼식이 진행될 곳은 수영장이 내려다보이는 레스토랑 2층의 테라스였다. 리허설을 위해 촬영 팀과 영상 팀, 뷰티 팀을 비롯한 모든 크루들이 각자 제자리를 찾고, 플로리스트들은 웨딩 아치 설치의 마무리가 한창인 중에 신랑과 신부의 입장 리허설을 해본다.

모든 것이 정상적으로 진행되고 있는지 확인할 수 있는 건 이때가 마지막 기회다. 늘 그렇듯 예상치 못한 돌발 상황들이 마치 이때를 기다렸다는 듯 나타난다. 신부의 드레스 룩에 마침표를 찍어야 할 부케가 보이지 않아 플로리스트에게 물었더니, 졸업식 꽃다발로나 어울릴 법한 커다란 꽃묶음을 가리키는 것 아닌가. 리조트의 매니저도 있고 현지의 플래너도 있고 당연히 플로리스트도 있지만, 아무리 설명을 해도 좀처럼 신부가 원하는 모양으로 나오질 않았다. 그들이 무성의해서가 아니라, 예쁘다고 생각하는 형태에 대한 기준이 달라서였을 것이다. 결국 망쳐버린 부케와 남아 있는 꽃들을 챙겨 꽃가위를 집어 들고 신부의 메이크업

룸으로 한달음에 달려갔다. 플로리스트 이력이 있는 신부라 다행이었고, 취미반으로나마 플라워 데커레이션의 기초 과정을 수료한 내 순발력도 한몫을 해서 부케의 위기는 순조롭게 해결되었다.

리허설이 끝난 들러리 친구들이 드레스 환복을 위해 다시 빌라로 발걸음을 옮기려는 찰나, 리조트에 비치되어 있던 빨간 양산을 잽싸게 하나씩 그녀들에게 들려주었다. 뭔가 그림이 될 만한 것을 탐색하던 포토그래퍼의 눈길이 느껴졌기 때문이었다. 데스티네이션 웨딩을 위해 현지로 출장을 가면 잠시도 쉴 틈이 없다. 베뉴 매니저와 현지의 플래너가 이런 기민한 진행까지 책임져주지는 않기 때문이다. 지형지물을 영리하게 잘 이용하면 자연스러우면서도 멋진 사진들을 잔뜩 얻을 수 있으니 포토그래퍼와 눈빛으로 무언의 커뮤니케이션이 쉴 새 없이 계속된다.

프로그램에 표기된 굵직한 일정 외에도 현장 코디네이터가 해야 할 일은 도처에 가득하다. 각 이벤트의 일정이 지연되거나 우왕좌왕 꼬이지 않고 정확히 지켜지도록 지휘해야 하고, 멋진 비주얼로 연출해야 할 디테일이 수도 없이 많기 때문이다. 생방송 현장에서의 피디와도 같은 역할이다.

정수리를 내리쬐던 태양이 긴 그림자를 만들며 낮게 내려가고 한낮의 열기가 누그러질 무렵, 결혼식은 시작되었다. 저 멀리 이국의 평야와 한가로운 농촌 마을이 내려다보이는 테라스에서 신랑 신부는 각자가 준비해 온 편지를 읽으며 서로의 배우자에게 굳건한 혼인서약을 했다. 예식이 진행되는 동안 풀사이드에서는 디너 리셉션을 위한 막바지 세팅이 마무리되었고, 수영장에는 양초 조명이 띄워졌다. 파티 나이트를 위한 마법이 살금살금 펼쳐지고 있었다.

예식을 마친 신랑 신부가 리셉션을 위해 옷을 갈아입는 동안, 하객들은 풀사이드에서 칵테일 타임을 갖는다. 디너가 시작되기 전 식전주를 즐기며 발리의 일몰을 만끽할 때, 현장 코디네이터는 사진 촬영 팀과 영상 팀의 역할에 우선순위를 나누어 조율하며 디너 리셉션에서의 이벤트들을 다시 한번 상기시킨다.

하객들이 모두 착석하고 어둠 속에서 꼬마 전구들이 별처럼 빛나기 시작하자, 옷을 갈아입은 신랑 신부가 하객들의 환호를 받으며 드라마틱하게 등장했다. 수영장에 둥실 떠다니는 캔들 라이트와 물에 반사된 조명들이 황홀한 신을 만들어내며 영화 속에 들어온 듯 비현실적인 아름다움을 선사했다.

무슨 단어로 어떻게 비유해도 그 순간의 아름다움과 감동이 되살아나도록 표현하지는 못할 것이다. 양가 아버님들의 감사 인사에 뒤이어 들러리 친구들의 축복의 말과 웨딩 케이크 커팅까지 끝나면, 커플의 퍼스트 댄스 순서가 이어지며 로맨틱한 분위기는 절정을 향한다.

이국적인 장소에서의 웨딩파티 룩을 완성하기 위해 챙겨 간 드롭 스타일의 긴 귀고리는 이때 처음 신부에게 스타일링해보았는데, 사진이 SNS에 공개되며 큰 반향을 일으켰다. 사물은 그것을 지닌 주인에 따라, 그리고 놓여 있는 장소와 분위기에 따라 다른 미감을 갖기도 한다. 다소 과해 보일 수 있는 액세서리가 제 주인과 장소를 만나 완전한 착장의 일부로 녹아든 것이다. 이후 피로연 드레스에 매치할 주얼리로 드롭 스타일의 이어링을 찾는 신부들이 부쩍 늘었고, 타 매장에서도 유사 스타일의 제품들을 갖추기 시작했으니, 새로운 스타일링 트렌드가 시작된 순간이다.

이 완전무결하게 로맨틱한 결혼식의 주인공이 신랑 신부임은 말할 것도 없지만, 세계 각국에서 날아와 기꺼이 2박 3일을 할애해 축복해준 하객들이야말로 이 영화 같은 웨딩의 완성도를 높여준 비중 있는 조연들이다. 아빠의 무등을 타고 호기심 가득한 눈으로 신랑 신부의 퍼스트 댄스를 바라보던 꼬마 숙녀의 기억 속에 이날은 어떻게 새겨졌을까.

볼 키스를 나누는 신랑과 신부는 하객들과 함께 이 순간 세상에서 가장 행복한 밤을 만끽한다.

디제이의 현란한 손놀림으로 엉덩이가 들썩이는 음악이 울려퍼지자 취기가 오른 하객들 대부분은 본격적으로 댄스파티를 즐겼다. 밤이 깊어

가고 파티의 흥이 달아오르면 만 하루 동안 신랑 신부의 주변을 에워싸고 있었던 크루들도 서서히 장비를 접으며 온전히 그들만의 시간을 갖도록 물러난다. 무더위와 사투하며 이 하루 동안 한 해 흘릴 땀의 대부분을 쏟은 크루들도 흥분으로 들떠 쉬이 잠을 청할 수 없었다. 약속이나 한듯 테라스에 모여 맥주를 들이켜며 서로의 노고를 치하했던 그날 밤의 풍경은 이후에도 오래도록 기억 속에 남아 각자의 작업을 독려하는 에너지원으로 소환될 것이다.

서울에서 출장을 떠나온 크루들의 숙소인 리조트도 가족 단위의 휴가지로 더할 나위 없는 곳이었지만, 신랑 신부 덕분에 간접 체험할 수 있었던 아만 리조트의 서비스 수준은 막연한 기대를 훨씬 웃도는 최상급이었다. 초호화 마감재와 명품 가구들 같은 하드웨어가 아니라, 숙련된 직원들의 섬세한 환대와 접객 태도 같은 소프트웨어가 아만을 최고의 리조트로 완성한 것이다. 고객의 표정과 마음을 읽어 표 나지 않게 미리 준비하는 그들의 조용하고도 섬세한 서비스는, 누군가의 인생 이벤트 준비를 돕는 일을 하는 내게 깊은 인상을 남겼다.

8시간의 야간비행 후 인천공항에 발을 내디딘 순간, 긴 꿈을 꾸고 깨어난 듯 야릇한 기분이 들었다. 귀국 비행 편을 함께 이용한 신부의 친구들과 현실 복귀를 확인시켜주는 푸석한 얼굴들을 마주하며 서로 웃었다. 한여름 밤의 꿈처럼 황홀했던 그 모든 순간들의 한켠에 그들과 내가 함께 존재했었다는 기억은 이후 꽤 오랫동안 나의 일에 활기를 불어넣었다.

다 함께 여행을 떠나는 콘셉트의 데스티네이션 웨딩을 꿈꾸는 커플들을 위해 나는 여전히 새로운 공간과 의미 있는 장소에 대한 탐험을 활발하게 지속하고 있다. 특별한 결혼식을 꿈꾸며 백지 도화지를 자신들만의 그림으로 채우고자 하는 커플과 함께 결혼식 장소에 대한 영감을 찾아 나서는 일은 그 자체로 여행의 축소판이자 유료 콘텐츠의 1분 미리보기처럼 다음에 전개될 스토리를 더욱 궁금하게 만드는 출발점이다.

바다가 보이는 7번 홀

2017년 5월, 강릉, 한국

드레스 숍을 오픈하며 웨딩업계에 첫발을 들였으니 대부분의 고객에게 나는 드레스 숍 대표로 각인되어 있다. 그러나 오랜 직장 생활로 인연이 이어져온 후배들과 가까운 지인들의 결혼식 준비에 이런저런 도움을 주면서 기획에 관여하다 보니, 그들의 결혼식을 본 누군가로 연결되고 지인들의 소개가 이어지며 특별한 결혼식을 기획하고 만드는 일들이 차츰 늘어나기 시작했다. 드레스 숍의 대표로 자리매김되어 있지만 남들과 다른 특별한 결혼식을 꿈꾸는 누군가에겐 기획자의 역할이 눈에 띄었나 보다.

누군가의 인생에 한 번뿐인 이벤트의 서사를 만들어가는 과정을 통해 무엇에도 비견될 수 없는 보람과 짜릿한 성취감에 맛을 들이게 되자, 그 순간들을 잊지 않기 위해, 그리고 작업의 포트폴리오를 정리하는 마음으로 메이킹 스토리들을 기록하기 시작했다. 블로그에 쌓인 포스팅들과 SNS에 업로드한 이미지들을 보고 연락을 해오는 예비 신부들과의 놀라운 인연들도 시작되었다.

가족 소유의 아담한 골프 리조트에서 결혼식을 치르기 원했던 이 커플과의 만남도 그렇게 성사되었다. 소재지가 강릉이고 하객들 대부분이 골프 리조트의 호텔 동에서 1박 예정이니, 해외의 휴가지는 아니지만 '여행'을 한다는 의미에서 보면 넓은 범주의 데스티네이션 웨딩인 셈이다. 그러나 데스티네이션 웨딩으로 일반적인 여름 휴양지 성격의 리조트가 아닌 골프 리조트에서는 한 번도 결혼식 연회를 진행해 본 적이 없었던 터라 기획 단계부터 여러 가지 제약이 많은 상황이었다. 수차례에 걸친 사전 답사가 필수였음은 물론이고, 골프 카트를 얻어 타고 바닷바람에 머리를 산발한 채로 리조트 곳곳을 누비며 체크 리스트의 수십 가지 항목 하나하나를 세세히 점검해야만 했다.

신부 어머니의 바람으로 결정된 결혼식 장소는 바다가 보이는 7번 홀 그린 위. 푸른 바다를 배경으로 녹색 양탄자 같은 풍경이니 그 자체로 이미 그림이지만, 텅 빈 도화지 상태의 풍경에 감탄만 할 일이 아니었다. 바닥이 고르지 않은 골프 그린의 특성상 의자를 안정감 있게 배열할 수 있을지, 마이크와 스피커를 위한 전기선은 어디서 끌어와야 할지, 또 그 라인들은 어떻게 숨길 수 있을지, 심란해지는 장소다.

게다가 결혼식 후 칵테일 리셉션을 진행할 야외 테라스는 답사 시점엔 보수 공사가 한창인 미완의 현장이었으니, 공사가 종결된 후 이곳이 어떻게 변신할지 상상력에 의존해 피로연을 디자인해야 하는 상황이었다. 심지어 초대 손님이 무려 180명. 데스티네이션 웨딩으로는 초대형 규모라고 해도 과장이 아니다.

무엇보다 큰 해결 과제는 하객들의 디너 세팅이다. 골프 리조트이니 당연히 식사가 가능한 클럽 하우스가 있고 호텔 동에 레스토랑도 갖춰져 있었지만, 180명 하객의 식사 코스를 준비하는 건 완전히 다른 차원의 일이다. 초대 손님 180명의 스테이크를 동시에 구워낼 연회용 오븐 장비를 보유하고 있을 리 없고 다섯 가지의 코스 메뉴로 구성하면 총 900개의 접시를 서빙해야 한다. 단품 메뉴 위주의 아담한 레스토랑 주방에서 소화할 수 있는 물량이 아닌 것이다. 하드웨어뿐 아니라 소프트웨어도 마찬가지다. 같은 메뉴를 180명이 동시에 즐길 수 있도록 일사불란하게 접시를 들고 날아다닐 훈련된 서버 인력도 필요하다.

어렵게 신랑 신부를 설득해 출장 계약을 완료한 케이터링 업체는 그랜드 하얏트 서울 호텔의 연회 팀이었다. 대형 스테이크 오븐과 트롤리를 비롯한 주방 설비와 부족한 디너 테이블 등 각종 기물을 가득 실은 3톤 트럭에 식자재를 실은 냉동 탑차와 서버 인력을 공수할 대절 버스까지, 작전 사령관이 필요한 행사의 규모로 불어나며 어느새 어마어마한 프로젝트가 되어가고 있었다. 아름다운 결혼식의 완성을 위해 겉으로 드러나는 데커레이터 역할보다 전체 행사를 조직하는 사람으로서의 빠른 판단력과 빈틈없이 짜인 일정표가 더 중요하겠다는 부담감이 밀려왔다. 정신줄 놓지 않고 무대의 앞뒤를 종횡무진하려면 역할 모드의 기민한 전환이 수시로 필요했다.

뒤 공간이 어찌 돌아가는지 하객들은 알지 못할 터, 그들에게 보일 앞 공간은 평온하고 아름다워야 한다. 웨딩 정찬을 즐길 테이블을 꾸밀 시안으로 내가 신부에게 제안한 아이디어는 절화 대신 허브 화분들로 꾸며진 허브 가든 콘셉트였다. 초대된 하객들이 모두 1박 예정이므로 웨딩을 장식했던 꽃들을 포장해 들려 보낼 수 없으니, 아무리 아름다운 꽃으로 연출하더라도 예식 종료 후엔 결국 쓰레기로 전락할 운명이다.

오밀조밀 허브를 심은 미니 화분들로 꽃 장식을 대체한 친환경 콘셉트를 적용한다면 쓰레기도 줄일 수 있고, 로즈마리나 민트처럼 식용이 가능한 허브라면 하객들의 답례품으로도 활용할 수 있으니 일석이조가 아니겠는가. 빠듯한 예산과 촉박한 시간 내에 풍성한 연출을 하기 위한 의도이기도 했다. 포스트잇을 붙여가며 이거 바꾸고 저거 바꾸고 이거 빼고 저거 더하며 플로리스트와 목업Mock-up도 진행했다.

끝이 없는 컨펌 행렬에 지쳐갈 무렵 급기야는 이런 악몽을 꾸기에 이르렀으니, 브라이드와 고질라의 합성어 브라이드질라bridezilla를 아는가. 결혼식 준비의 스트레스가 폭발한 신부를 일본의 괴수 영화 고질라에 비유한 합성어인데 드레스 입고 왕관 쓰고 입으로는 불을 뿜는 모습이다. 한 번도 웨딩 행사를 치러본 적 없는 장소에서의 결혼식을 만드는 과정이 녹록지 않다 보니 자면서도 내내 이 결혼식에 대한 중압감을 느꼈던 듯하다. 부디 나의 그녀가 브라이드질라로 변하게 되는 일은 없어야 할 텐데.

하객들이 덕담을 적을 종이비행기 모양의 메시지 카드와 예식 순서를 픽토그램으로 인쇄한 프로그램 등 소소한 소품들이 예식 이틀 전에 입고를 완료했다. 웨딩 행사에 필요한 각종 소품들이 완성된 후의 검수 또한 내 몫의 일이다. 리조트 직원들의 도움으로 미리 설치를 끝낸 줄 전구 라이트도 피로연이 진행될 시간에 맞춰 불을 밝혀보며 설치물에 대한 마지막 점검을 끝냈다.

웨딩데이의 시작을 알리는 그루밍 타임. 신랑 신부의 헤어 스타일링과 메이크업 준비로 일정은 시작된다. '신부 대기실'이라는 뻔한 사인 대신에 〈변신 중…〉이라는 귀여운 표현으로 제안한 건 문구 디자이너의 센스였다. 손재주 좋은 지인을 졸라 완성한 링 필로우는 프랑스 자수로 신랑 신부의 모노그램을 넣은 세상에 하나뿐인 디자인이었는데, 웨딩 준비로 많은 시간을 함께 보내며 정이 들어버린 커플에게 기념으로 선물했다.

신랑 신부가 단장을 하는 동안, 플로리스트의 설치 작업을 독려하며 각각의 베뉴가 완성되어가는 과정을 확인했다. 종이비행기 모양으로 접힌 덕담 카드는 빈티지 우편함과 함께 포토 테이블 위에 설치했는데, 하객들의 손글씨로 채워진 후 우체통에 넣어져서 신혼부부가 첫날밤을 보낼 신방으로 배달되었다.

공들여 제작한 준비 용품이 하나 더 있었는데, 부채로도 햇빛 가리개로도 사용 가능한 'Things to Do in 강릉'. 강릉의 명물 음식점과 카페, 가볼 만한 곳들을 소개해놓은 일종의 미니 사이즈 투어 가이드인 셈이다. 멀리서 와주신 하객들의 여가를 위해 준비한 깨알 디테일이었다.

신랑 신부가 혼인서약을 할 때 배경이 되어준 웨딩 아치는, 커플의 청첩장인 앤티크 키 오브제를 준비할 때부터 미리 머릿속에 있던 도어 콘셉트를 구현했다. 녹색 양탄자 같은 잔디 위 푸른 물감을 풀어놓은 듯한

하늘과 바다를 배경으로 세운 도어는, 부부가 된 두 사람이 인생의 새로운 챕터를 여는 의미를 담았다. 바닷가에 면한 곳이다 보니 세찬 바람의 영향을 피하기 어려워, 꽃으로 빽빽한 웨딩 아치를 세울 경우 쓰러질 위험이 있다는 판단이 들었다. 그래서 위험 부담도 줄이고 의미도 담을 수 있는 오브제를 찾고자 얼굴에 거미줄 붙여가며 빈티지 마켓을 뒤져 찾아낸 갤러리 도어를 활용했다.

오션 뷰의 루프탑 레스토랑에서는 하객들의 만찬을 위한 테이블 세팅이 한창이었다. 일몰로 붉게 물들 하늘과 바다를 바라보며 초여름의 미풍과 함께 만찬을 즐기게 될 하객들의 행복한 표정을 상상하니 축복받은 날씨에 절로 감사한 마음이 일렁였다.

만찬 메뉴가 소개된 메뉴지는 식전 빵을 넣을 수 있는 브레드 포켓으로 디자인했다. 멋부림만의 의도는 아니었고, 식전 빵을 세팅해놓으면 좋겠다는 생각에서 출발한 아이디어다. 서버 인력들에게 생소한 장소이고 동선이다 보니, 식전 빵을 서빙하는 시간이라도 좀 줄여서 효율을 높일 필요가 있었다. 그러나 준비 인력들이 분주히 오가는 중에 빵을 장시간 노출시켜두는 것이 과연 바람직한가 하는 생각으로 '빵 봉지'를 떠올렸고, 그 봉지의 겉에 메뉴를 인쇄해 두 가지 기능을 통합하자는 데 착안한 것이다. 재미있으되 오로지 디자인만을 위한 디자인은 아니어야 한다는 내 평소 다짐에도 부합하는 결과물이었다.

빵이 들어갔을 때의 볼륨을 느껴보려고 휴대폰을 넣어보며 확인하던 중, 한 가지 아이디어를 더 추가했다. 옆 사진은 하객들의 이름이 인쇄된 좌석 표place card를 긴 녹색 이파리에 끼워 테이블에 세팅했던 실제 모습이다. 식전 빵인 미니 바게트가 들어가니 통통한 형태감을 지녔다. 덕분에 미리 세팅해놓은 식전 빵의 노출을 방지할 수 있었을뿐더러 보는 재미 또한 더한 메뉴지 디자인이었다.

구구절절 설명할 수 없으니 하객들 중 그 누구도 이런 의도를 알아챘을 리 없지만, 누가 알아줄까 싶은 이런 디테일들을 위해 오랜 시간 고민하

고 땀을 쏟는 내 작업 방식은 앞으로도 바뀌지 않을 것 같다.

데스티네이션 웨딩을 준비하는 과정에서 신랑 신부와 양가 혼주에게 무엇보다 가장 어려운 미션은 RSVP다. 초대장을 받지 않으면 초대받지 않았다고 여기는 서양인들의 인식과는 달리, '잔치'의 성격이 강한 우리네 결혼식 문화에선 초대받지 않은 하객들로 문전성시를 이루던 때가 있었다. 초대객의 명단을 작성하는 과정과 결혼식 참석을 청하는 시점에서 의도하지 않았던 하객일지라도, "당신은 초대받지 않았으니 오지 말라"고 하는 것은 그가 누구이건 간에 한국의 정서에서는 절교 선언이나 마찬가지다. 계획하고 예상했던 하객의 숫자에서 15~20퍼센트쯤 늘어나는 건 순식간이다.

데스티네이션 웨딩의 속성 자체가 '여행'을 수반하는 형태이다 보니 대부분의 하객은 숙박이 예정되어 있고 그에 따른 객실 배정이 선행되어야 하므로 면밀한 예약 인원 확정에 꽤 수고를 들여야만 한다. 1박을 할 하객들과 만찬 후 귀경할 하객들을 구분해 객실 배정까지 끝낸 하객들의 최종 명단이 내 손에 들어와야 하는 시점은 늦어도 예식 이틀 전까지. 신랑 신부가 완성한 디너 테이블의 좌석 배치 도면을 기반으로 에스코트 카드escort card와 플레이스 카드의 인쇄까지 마쳐야 하기 때문이다.

하객들의 디너 테이블 위치를 안내하는 목적의 에스코트 카드와 정확한 착석 위치를 확인시키는 플레이스 카드의 인쇄가 모두 종료되었건만, 예식 전날까지 심지어 예식 당일 아침에도 계속 업데이트되는 참석 인원 명단은 웨딩 프로듀서들을 종종 난관에 빠뜨린다. 에스코트 카드나 플레이스 카드 없이도 안내와 의전이야 가능하겠으나, 착석 인원이 정해져 있는 8인용 라운드 테이블에 2명을 갑자기 끼워 넣는 것은 참으로 난감한 돌발 상황이다. 의자 두 개 끼워 넣는 것이 무슨 대수냐고 생각할 수 있겠지만, 테이블 위 쇼 플레이트를 비롯해 실버웨어가 올라갈 공간이 허락되질 않는다.

마무리 세팅과 별안간 추가된 하객들의 좌석 배치로 혼돈의 카오스 상태인 디너 리셉션 준비와 무관하게, 행사는 타임라인대로 착착 진행되며 흘러갔다. 신랑 신부와 혼주를 태운 골프 카트들이 코끼리 열차처럼 줄지어 이동하는 애니메이션 같은 풍경과 함께 예식은 시작되었다.

막내딸을 시집보내는 쓸쓸한 마음에 이 순간이 누구보다 애틋하실 친정 아버지와의 소중한 시간을 1분이라도 더 오래 갖기를 바라는 마음에서, 카트의 운행 동선을 지름길이 아닌 둘러가는 이동 경로로 길게 잡았다.

예식이 끝난 후 하객들의 환호와 함께 퍼스트 키스를 나누는 신랑 신부를 싣고 웨딩카는 출발했다. 유칼립투스로 엮은 갈란드galand와 탐스러운 작약으로 꾸며져 동화 속 꽃마차처럼 변신한 골프 카트는 12시가 지나도 호박으로 변해버릴 일 절대 없는 진짜 웨딩카다.

결혼식 자체는 종료되었으나 이 행사의 가장 큰 부담이자 고난도의 이벤트였던 리셉션은 이제 시작이었다. 하객들이 칵테일 리셉션을 즐기는 사이, 피로연 복장으로 갈아입어야 하는 신랑 신부의 스타일링과 하객들을 디너 테이블로 안내하는 의전, 그리고 키친 팀의 준비 상황까지 체크해야 하는 현장 감독은 몸이 세 개라도 모자랄 판이다. 프로듀서이자 스타일리스트이며, 총괄 감독인 동시에 현장 코디네이터이기도 한 나는 이때 가장 오금이 저린다.

하나둘 켜지는 야외 조명 아래 옷을 갈아입은 신랑 신부가 로맨틱한 퍼스트 댄스로 깜짝 등장하면 본격적인 웨딩 피로연이 시작된다.

대형 뮤지컬의 화려한 무대를 위해 커튼 뒤 암전 속을 날아다녀야 하는 인력들이 필요하듯, 신랑 신부의 로맨틱한 이벤트를 위해 보이지 않는 곳에서 결혼식을 완성하는 사람들의 업무도 무척 치열하다. 루프탑 레스토랑의 주방 규모로는 커버할 수 없었던 180명 하객의 5코스 디너. 불가능한 행사를 가능하게 만들기 위한 전략은 지하 주차장에 키친 팀의 베이스캠프를 치고 임시 주방으로 운영하는 것이었다. 180인분의

Just Married

Yongjae and Minkyung
MAY 27TH, 2017

스테이크를 동시에 구워낼 대형 오븐과 코스별 식자재가 차곡차곡 정리된 트롤리들은 모두 지하 주차장에 자리를 잡았다.

장인은 연장을 탓하지 않는다 했던가. 열악할 수밖에 없는 주방 환경에도 시스템을 짜고 서비스 동선을 설계해, 주어진 상황 내에서 최대치의 효율을 끌어올리는 키친 팀의 일사불란한 모습은 감동적이기까지 했다. 마지막 코스까지 대략 1,000여 개의 접시들이 마치 컨베이어 벨트를 타고 나오듯 순조롭게 테이블에 올라갈 수 있었던 건 노련한 서버들의 잰걸음과 나비처럼 우아한 손놀림 덕분이었다.

인생을 살며 마주하게 될 아름다운 순간들이 많겠지만, 어쩌면 그중 으뜸일 결혼식을 위해 나를 믿고 의지하며 많은 걸 일임해준 그녀. 한번도 웨딩 이벤트가 진행되었던 적 없는 장소에서의 결혼식은 신랑 신부 당사자들은 물론 내게도 큰 도전이다. 사례가 없어 매뉴얼을 적용할 수도 없는 이벤트를 준비하며 그녀는 어떻게 그토록 나를 절대적으로 신뢰할 수 있었을까. 수많은 불안과 염려의 상황들 속에서도 흔들림 없었던 그녀의 한결같은 믿음은 흠결 없는 결과물로 완성해내기까지 내게 가장 큰 동력원이었다.

그녀가 꿈꾸었던 결혼식은 참석 하객 모두에게 잊지 못할 경험을 선사하고 싶어 하셨던 부모님의 바람대로 근사하게 마무리되었다. 더불어 나의 바람까지도 함께. 로맨틱 영화 속 여주인공의 해피엔딩 결혼식 같은 신을 만들어주고 싶었던 나의 소망을 이룬 밤, 우린 서로 얼싸안았다.

함 끈과 박 깨기가 있는
와이너리 웨딩

2017년 4월, 나파, 캘리포니아, 미국

오랜 직장 생활에서 그러했듯 어떤 도시를 출장의 목적으로만 반복해 방문하는 건 여행의 호기심이나 신비감을 앗아가기 일쑤다. 그러나 이 공식을 비껴가는 장소가 내게 한 곳 있는데, 로맨스가 절로 피어날 것만 같은 미국 서부의 나파밸리Napa Valley가 바로 그곳이다. 여행으로는 가보지 못하고 웨딩 진행 출장으로만 세 번째 방문이었던 샌프란시스코, 공항에서 렌터카를 픽업해 북쪽으로 2시간가량 달리다 보면 건조한 바람과 농밀한 햇살 아래 포도밭이 끝없이 펼쳐진 낭만적인 풍경이 시작된다.

영화적 상상력을 자극하는 이 풍경을 배경으로 결혼식을 기획하는 행운이 내게 주어진 건 예식일로부터 꼭 1년 전, 가보지도 못한 장소에서의 결혼식을 만드는 패기 넘치는 도전은 뉴욕 출장 중에 만났던 한 신부의 신뢰 덕분에 가능했다. 신부가 보내준 사진들을 기초로, 영화 「본」 시리즈의 제이슨 본처럼 검색 엔진을 헤집어 찾아낸 이미지들로 기획에 참여했던 용감한 진행이었다.

이 로맨틱한 프로젝트를 위해 서울에서 합류한 사람은 모두 5명. 협력 업체 스태프들의 일정은 대개 예식 전날 현지에 도착해 현장 점검을 하는 것으로 시작된다. 나는 스태프들과 짧고 굵은 회의로 첫날의 업무를 시작하는데, 프리웨딩 촬영 시안과 헤어 스타일링 시안 그리고 연회 프로그램에 대한 브리핑을 하기 위해서이다. 특히 촬영 팀이 중요한 순간을 놓치지 않도록, 그리고 최상의 앵글을 미리 계산해 확보하도록 하는 것은 스타일리스트의 역할 가운데 중요한 한 가지라는 생각에서다.

웨딩과 피로연이 진행될 곳은 나파밸리 안의 럭셔리 리조트인 칼리스토가 랜치Calistoga Ranch Resort였다. 리조트를 둘러보기 시작한 후 바로 우리를 아연실색하게 만든 것은 카트 없이는 리조트 내 통행이 불가능해 보이는 광범위한 동선이었다. 두 명의 포토그래퍼와 헤어 스타일리스트, 메이크업 아티스트, 그리고 나까지 5명이 같이 움직이려면 두 대의 카트를 호출해야 해서 여간 번거로운 게 아니었다.

각각의 이벤트들을 위한 장소의 주변 환경들을 살피고, 프리웨딩 촬영을 위한 장소들과 신랑 신부의 퍼스트룩first-look 촬영에 걸맞은 감성 터지는 장소를 두루 물색하는 것 또한 현장 점검의 과정이다. 더불어 예식 시간과 비슷한 시간에 맞춘 결혼식 전날의 리허설도 염두에 두어야 한다.

리허설의 목적은 신랑 신부에게 식순과 동선을 숙지시키는 것 외에도 해넘이의 방향과 빛의 양을 보는 것도 있어서, 익숙한 장소가 아닐수록 예식 시간에 근접한 시간대로 리허설 타임라인을 짜야 바람직하다는 것이 나의 소신이다.

프리웨딩 촬영을 위해 신랑 신부가 단장하는 동안, 나 홀로 집중한 작업은 '함' 끈을 꼬는 일이었다. 한국에서 함들이를 하고 싶어 했으나 이런저런 사정으로 하지 못해 아쉬워하던 신부의 모습이 눈에 밟혀서 출장 떠나올 때 서울에서 함 끈용 소창 천을 챙겼다. 데스티네이션 웨딩으로 출장 와서 함 끈을 꼬는 경험을 대체 누가 할 수 있단 말인가. 부탁한 이 없지만 기뻐할 신부의 모습을 떠올리며 내가 좋아서 자처한 기꺼운 노동이었다.

신랑이 신부에게 선물한 '함'은 전통적인 함의 모양은 아니었지만, 결혼식 날짜와 신랑 신부의 모습이 새겨진 스타일리시한 보석함에 전통 함 끈의 멋진 조합으로 완성했다. 함들이를 아쉬워했던 신부를 위해 한 컷의 아름다운 사진을 기록으로 남겨주었고, 옛날에는 첫아이가 태어나면 함 끈을 잘라서 기저귀를 만들었다는 이야기도 들려주었다.

다음 날, 축복처럼 햇살이 쏟아져내리는 눈부신 날씨가 펼쳐졌다. 앞치마 질끈 두르고 현장 점검에 나선 나는 리셉션이 진행될 잔디 마당의 가구는 오배송 없이 제대로 도착했는지, 칵테일 바의 설치는 사전에 지정했던 위치에 안정적으로 마무리되었는지, 직접 확인할 수 없는 신부를 대신해 메이드 오브 오너의 역할을 시작했다.

결혼식이 진행될 포도밭 앞의 마당으로 이동해 포토 테이블로 사용할 와인 박스들을 세팅했다. 몸이 한 개뿐이라 세리머니 아치 작업을 지켜보지 못하고 신부의 헤어와 메이크업 마무리, 친구들과의 촬영 그리고 드레스 환복을 봐주러 신부의 곁으로 복귀했는데 나중에 보니 시안에서 강조했던 컬러웨이를 무시해버리고 맘대로 작업해놓은 것을 발견했을 때의 당황스러움이란! 이것도 한국에서 미니어처 샘플 작업을 해서 보내줬어야 그대로 이행이 됐으려나 싶어서 한숨이 절로 나왔다.

신부의 드레스 환복을 도운 후 뷰티 스태프들과 의논하며 헤어 스타일링 마무리를 거들었다. 손가락으로 슥슥 감아올린 듯 자연스럽게 결을 살리고 바람에 날아온 꽃잎들이 사뿐 얹힌 듯한 느낌을 내는 데 집중한 스타일인데 금발의 서양 소녀들에게나 어울릴 것이라는 편견을 그녀가 보기 좋게 깨뜨려주었다. 코끝이 간지럽도록 향기 은은한 라일락은 이후로 내게 그녀를 떠올리게 하는 꽃으로 남게 되었다.

신랑 신부가 머무는 스위트 롯지에서 신부가 친구들과 자유롭게 촬영을 즐기는 동안 오방주머니와 봉채떡을 준비해놓았다. 결혼식 식순에서 중요한 역할을 할 소품들이다. 주례 없고 자연스러운 결혼식이 너무 단조롭게 끝나지 않도록 친정어머니는 사위에게 봉채떡을, 시어머니는 며느리에게 오방주머니를 선물하는 순서를 넣었다. 각각의 아름다운 의미는 사회자 대본에 설명을 더해 하객들과 공유하기로 했음은 물론이다.

시루에 두 겹으로 봉채떡 제대로 앉히는 떡 장인들이 보면 혀를 끌끌 찰 대충의 모습이지만, 미국 하고도 나파밸리라는 이국의 포도밭에서 진

행한 결혼 식순에 우리의 미풍양속을 접목해보겠다는 갸륵한 시도였으니 부디 너그러이 보아주었으면 싶다.

Uncle, It's too late to run! Cause here she comes(삼촌, 어서 달아나욧! 이제 신부가 온다고요). 귀여운 내용이 담긴 피켓은 플라워걸 역할을 수행할 조카들을 위해 서울에서 내가 만들어 가져간 선물이었다. 작은 수고를 더하면 이렇게 사랑스러운 사진이 얻어지니 내가 늘 궁리하고 일을 만들어내서 하는 이유다.

봉채떡과 오방주머니를 선물하는 식순도 특별했지만, 하객들이 가장 즐거워한 결혼식의 하이라이트는 결혼식 말미에 신랑이 박을 깨는 순간이었다. 원래는 함들이 때의 풍습으로, 신부 집에 도착한 함진아비가 집 안으로 들어서기 전에 박을 밟아 깨면 그 소리에 악귀들이 놀라 도망간다는 데서 차용해온 아이디어다. 헝겊에 싼 유리잔을 밟아 깨뜨리는 유태인들의 결혼식 풍습도 이와 유사하다.

결혼식을 마치고 부부가 된 이 커플에게 리조트에서 제공하는 특별한 결혼 선물이 있었는데, 다름 아닌 포도나무 한 그루다. 포도나무를 뽑아 가져갈 순 없지만, 신랑 신부가 고른 포도나무에 두 사람의 모노그램과 결혼식 날짜가 새겨진 메달을 걸어두는 의식을 제공하는 로맨틱한 서비스인 것이다.

결혼식이 끝났으니 이제 마음껏 즐길 차례다. 다음 페이지의 신랑 신부 리셉션 입장 사진만 봐도 하객들의 환호가 들려오는 듯하다. 무엇보다도 디너 테이블이 아름다우면 좋겠다는 신부의 바람이 있었기에 현지의 데커레이터와 서울에서 원격으로 중간 점검을 해왔던 테이블 장식은 다행히 신부 마음에 꼭 들게 완성되었다. 한국의 플로리스트들처럼 섬세하지 못한 미국 언니들의 무딘 손이 염려스러웠던 나는 한국에서 디너 테이블의 꽃 장식 샘플 작업을 했고, 수십 장의 사진으로 기록해 그들에

게 제공했다. 무슨 꽃을 주문했는지 꽃 이름들까지 하나하나 다 확인하고 참견하며 집요하리만큼 까칠하게 요구했었다는 뒷이야기를 누가 알겠나 싶다.

'미션 클리어' 후의 가장 달콤한 보상은 바로 이것이다. 행복 충만한 신부와의 뜨거운 포옹. 이것이면 충분하다. 누군가의 찬란한 한때를 온전히 공유할 수 있다는 점이 바로 이 일에 점점 더 매료되도록 하는 특별함이다. 좌중을 폭소케 했던 친정아버지의 유쾌한 축사와, 세발자전거를 졸업하고 막 두발자전거에 처음 오르는 소년 같던 신랑의 표정, 항시 호쾌하던 신부의 미세한 떨림이 느껴지던 목소리 등… 사진으로도, 글로도 다 표현할 수 없는 빛나는 순간들은 내 기억의 서랍에 들어가 차곡차곡 개켜져 있다.

이국의 포도밭 너머 분홍빛으로 물들어가던 일몰과, 모든 행사를 마무리하고 수고한 스태프들과 뒤풀이를 하며 맛본 샌프란시스코의 명물 클램차우더의 추억도 덤으로 남겨졌다. 여행으로 방문하지 않았지만, 소중하지 않고 특별하지 않았던 순간은 하나도 없었다. 영화적 상상력을 자극하는 나파의 포도밭에서 다음 로맨스 영화의 주인공이 될 새 커플을 얼른 또 만나고 싶다. 이 지긋지긋한 팬데믹의 터널이 끝나는 지점에서.

남해의 겨울 숲을
상상하며

2020년 1월, 남해, 한국

결혼식을 만드는 프로듀서로서 반드시 갖추어야 하는 여러 덕목이 있지만, 그중 으뜸은 바로 '동아줄처럼 튼튼한 멘탈'이다. 결혼식을 위한 제반 서비스와 시설이 완벽하게 갖추어져 있는 호텔이나 웨딩홀이 아닐 경우의 웨딩 프로덕션은, 짧지 않은 준비 기간 동안 어떤 돌발 상황과 난관도 감수하겠다는 이면 계약에 서명한 것과 다르지 않다. 그럼에도 불구하고, 어떤 경험을 하게 될지 모른다는 긴장감과 두려움을 뛰어넘는 기대감에 덜미를 잡히는 것, 그것이 바로 데스티네이션 웨딩 기획의 진짜 매력이다.

호텔이나 웨딩홀이 아닌 특별한 장소에서의 결혼식을 바랐던 그녀와의 첫 만남은 때 이른 더위가 찾아왔던 6월의 어느 날이었다. 한겨울 1월의 겨울 신부를 꿈꾸던 그녀가 마알간 얼굴로 꺼내놓은 자신의 로망은 탁 트인 자연 경관을 조망하는 것이었다. 1월이 연중 최고의 혹한기인 한국에서는 선택지가 별로 없는 난감한 조건이었다. 장소 선정부터가 녹록지 않아 보이는 일을 덜컥 수락한 데에는, 어디서 어떤 형태의 결혼식이 되건 양가 부모님들의 허락을 받을 수 있다는 신부의 자신감이 크게 작용했다.

결혼식을 준비하는 과정에 부모의 개입이 많은 한국의 혼례 문화에서 최종 결정권자는 신랑 신부 당사자이기보다 양가의 혼주들이다. 경제적 자립도가 낮은 한국의 '어른이'들에게 부모의 승인은 필수이기 때문이다. 우리에게 익숙한 기존의 국내 웨딩 문화 안에서는, 소수의 지인

들과 함께 여유롭게 즐길 수 있는 소규모 파티 스타일의 결혼식을 원할지라도 보수적인 부모들을 이해시키고 설득하는 것이 쉽지 않다. 그뿐 아니라 그런 특별한 결혼식 행사를 치러낼 공간을 확보한다는 것이 쉽지 않은 일이고, 그 어려움을 해결하는 고비용에 대한 부담으로 인해 난항을 겪기 마련이다.

내가 만난 이 서른한 살의 동갑내기 커플에게 오작교 역할을 한 중매인은 특이하게도 양가 아버님들이었다. 커플의 만남 이전에 테니스 동호회에서 오랜 우정을 나눠온 양가의 아버님들이 사돈을 맺게 된 경우다. 서로의 아들딸을, 그리고 서로의 부모님을 줄곧 지켜봐 온 터라 결혼 준비 과정에서 불필요한 신경전이나 겉치레는 일절 없었다. 하고 싶은 대로 하라며 결혼식 준비를 신랑 신부에게 전적으로 맡겨주셨다니, 이 젊고 발랄한 커플의 웨딩이 어떤 모습으로 완성될지, 키를 잡은 내가 더 흥미진진했지만 동시에 신부의 판타지를 이뤄주어야 한다는 부담감이 추가되었다.

하객들과 함께 1박 2일의 여행 같은 결혼식을 원했던 신부의 바람을 실현할 몇몇 후보지를 선정하고 답사에 착수했다. 서울에서 비교적 근거리인 경기/강원권의 풍광 좋은 리조트 두 곳과 원거리인 남도를 초조하게 비교한 끝에, 1월에도 바람 없고 온화한 남해가 유력한 최종 후보지로 등극했다. 경탄할 만한 풍경을 배경으로 자연미를 잘 살린 조경과 하드웨어가 잘 갖춰진 리조트에 반한 신부의 마음에 남해가 자리를 잡자, 다른 장소가 끼어들 여지가 없었다.

아무리 신랑 신부에게 결정권을 위임했다고 하나, 거주지인 수도 서울을 놔두고 아무런 연고 없는 남해까지 내려가 결혼식을 올린다는 콘셉트가 쉽게 받아들여질 리 만무하다. 모든 편의시설이 제공되는 서울의 5성급 호텔들을 마다하고 원거리의 교통 불편한 데스티네이션 웨딩에 대한 허락을 얻으려면 과반 이상이 아니라 양가의 부모님들 모두로부터 만장일치 찬성표를 얻어야만 한다. 당선 가능성이 희박한 지역구에 출마한 국회의원 후보가 된 것 같은 기분으로 기대가 점점 희미해질 무렵 드라마틱한 확정 통보를 받았다. 외국 생활을 오래 한 예비 며느리에 대한 배려와 사랑이 지극한 시부모님의 아량 덕분이었다.

결혼식 장소가 남해로 확정됨과 동시에 작성된 체크 리스트와 해결해야 할 과제의 목록은 길고도 길었다. 그도 그럴 것이 장소로 확정된 곳이 골프 리조트여서 결혼식 행사 경험이 전무했기 때문이다. 서울에서 꾸려 남해로 출장을 떠날 스태프들의 숙소와 식사를 챙기는 것까지도 내게 가외로 추가된 업무였다. 데드라인이 정해져 있는 업무들이 대개 그렇듯, 수행 과제들을 일정에 맞춰 이행하다 보니 2020년 1월은 성큼 성큼 다가왔다. 스프링클러에서 쏟아져 내리는 물처럼 넘쳐나는 우여곡절 비하인드 스토리들을 양산해내면서.

데스티네이션 웨딩 참석을 위해 기꺼이 먼 길을 와준 하객들에게 특별한 경험을 선사하려는 마음으로 정말 다양한 소품들을 마련했다. 그중하나는 이것, 여행지의 숙소에서 투숙객들의 가방에 부착하는 백 태그 bag tag이다. 신랑 신부와 싱크로율 99%인 귀염뽀짝 캐리커처 덕분에 하객들의 함박웃음을 목격할 수 있었다. 리조트에서 사용하던 태그가 있었지만, 결혼식에 초대받은 하객들을 위해 신랑 신부의 환영 인사가 느껴지도록 기획해 제작했다. 센스 있는 디테일을 위해 많은 비용이 드는 장치만 있는 것은 아니다.작은 소품에도 의미 부여를 하는 내 작업스타일에 공감해주는 신부를 만났기에 가능했던 결과물이다. 아무리 감각적인 아이디어가 있다 한들 고객이 받아들여 주지 않으면 실물 구현의 기회는 얻어지지 않는다. 재치와 위트 못지않게 용도와 목적이 분명해 요긴하게 사용된 소품이었다.

사전에 전달된 하객 명단으로 룸 넘버가 확인되면 짐은 태그를 붙여 룸으로 딜리버리 서비스를 하고 그동안 하객들은 잠시 풍경을 즐길 수 있

도록 웰컴 티 서비스를 하자는 계획이었다. 4시간여의 장거리 버스 여행에 고단할 하객들이 수묵화 같은 남해의 경치를 즐기며 따뜻한 차를 홀홀 마시는 동안 여독을 풀 수 있도록 한 배려이자, 셔틀 차량을 이용해 도착한 하객들의 체크인이 일시에 몰릴 것에 대비한 전략이었다.

하객들의 쉼을 배려한 시간이 지나 이윽고 시작된 결혼식. 주례 없는 예식이라 '네', '아니요'로만 답하던 싱거운 성혼선언 대신 신랑 신부가 각자 진심을 담아 준비한 다짐을 낭독하며 진행되었다. 서양의 웨딩 문화에서 '바우vow'라고 부르는, 결혼식의 핵심 순서다.

저 멀리 고요히 묵상 중인 섬들과 우아하게 일렁이는 남해 바다를 배경으로 세워진 웨딩 아치와 신랑 신부가 걸어들어 갈 길에 '겨울 숲속 오솔길'의 콘셉트를 최대한 구현해내기 위해 애썼다. 전나무와 유칼립투스가 뿜어내던 은은한 자연의 향으로 채워져, 이 공간에 들어서던 하객들에게 숲의 기운이 전달되듯 마법 같은 경험을 선사했다. 잘 꾸며진 아름다운 공간은 하객들을 결혼식의 식순에 더욱 집중하게 하는 힘이 있다. 신부가 눈물을 뚝뚝 떨군 양가 아버님들의 뭉클한 축사와 덕담이 이어지고 모든 식순이 차례대로 이행된 후, 웨딩 마치 직전 신랑 신부의 퍼스트 키스는 결혼식의 클라이맥스였다. 스르르 올라가던 셰이드 아래로 남해의 반짝이는 햇살이 눈부시게 쏟아져 들어오던 로맨틱한 순간이다. 하객들이 환호하며 뿌리는 꽃잎을 눈처럼 맞으며 신랑 신부는 부부가 되어 첫걸음을 내디뎠다.

저녁 식사 전까지 하객들의 여흥을 돋울 샴페인 리셉션은, 낙조에 물들어 황금빛으로 변해갈 남해를 조망하며 즐길 수 있도록 딱 일몰 시간에 맞춰 오차 없이 실현했다. 하객들의 디너 테이블을 안내하는 기능의 에스코트 카드도 시각적 즐거움을 위해 디스플레이에 공을 들였다. 샴페인 잔들의 날렵한 기둥에 각각의 하객 성명과 테이블 번호가 인쇄된 카드를 끼워 환영 깃발을 든 장난감 병정들처럼 조로록 도열시켜 손님들

을 맞도록 했다. 신랑 신부가 사진 촬영 후 옷을 갈아입고 다시 올 때까지 하객들은 이곳에서 식욕을 돋울 식전주와 카나페를 맛보며 찬란한 일몰의 경관을 충분히 만끽할 수 있었다.

그동안 클럽 하우스 레스토랑은 디너 리셉션을 위한 변신을 마쳤다. 층고가 높고 웅장한 공간감을 감안해 키 큰 캔들라브라candlelabra를 적극 활용한 센터피스 연출이다. 해가 지고 캔들에 불이 밝혀진 모습은 더없이 황홀한 모습이지 않은가.

모톤 하켓이 부른 「Can't take my eyes off you」의 나긋나긋한 도입부에 맞춰 깜짝 등장한 신랑 신부의 퍼스트 댄스는 웨딩 피로연의 분위기를 달구는 촉매제 역할을 했다. 단순히 춤을 보여주는 것만이 아니라 서로 손발 맞추며 최선을 다해 열심히 살겠다는 다짐을 하객들에게 약속하는 의미도 있다. 퍼스트 댄스 후 이어지는 아빠와 딸의 댄스는, 어린 아가였던 딸이 어엿한 숙녀가 되어 평생배필을 만났으니 이제 딸에게 남자는 아빠가 아니라 신랑이므로 성인이 된 딸을 인정하고 떠나보내는 의식이다. 애틋한 아빠의 표정에서 딸을 향한 사랑이 느껴져 지켜보는 하객들을 미소 짓게도 눈물짓게도 하지만 신부가 된 딸과 따뜻한 볼 키스를 나누는 모습은 딸이 없는 아버지들이 제일 부러워하는 순간이다.

부케를 받을 친구를 미리 선발해두는 우리의 관행과는 달리, 서양식의 부케 던지기는 모두에게 공정하게 기회를 준다. 미혼의 친구들이 죄다 나서서 부케를 낚아챌 준비를 하니 어떤 친구의 품으로 부케가 날아가 안길지 자못 흥미로운 이벤트다. 누군가 부케를 획득한 순간 터져 나오는 환호와 야단법석 또한 즐거운 구경거리 중 하나다.

부케를 던진 신부와 신랑을 태운 카트를 배웅하는 것을 마지막으로 공식적인 프로그램이 모두 끝나면 자유로운 음주가무를 즐기는 파티가 시작된다.

젊은이들에게 밀려 어르신 하객들이 모두 객실에만 칩거하실까 봐 걱정했던 신랑 신부의 예상은 보기 좋게 빗나갔다. 신랑 신부의 친구들 못

지않게 흥 넘치던 양가 어르신들의 레트로 디스코 댄스 덕분에 모두들 흥이 폭발하는 밤을 보냈다. 그동안 이분들이 이 흥을 꽁꽁 싸매놓고 어찌 사셨을까 싶을 만큼 시니어들의 에너지는 멋졌고 또 조금 짠하게 느껴지기도 했다. 데스티네이션 웨딩의 매력은 이런 것이다. 다 함께 떠나온 여행지에서의 결혼식을 온전히 즐기고 함께 경험하며 잊지 못할 추억들을 공유하는 것.

이렇게 촘촘하게 짜인 프로그램이 이음매 자국 없이 매끈하게 진행되기 위해선 풍부한 경험의 데스티네이션 웨딩 전문가의 도움이 필수적이다. 고요한 수면 위 우아한 모습을 위한 물 아래 백조의 발버둥처럼, 분 단위로 쪼개져 있던 타임라인을 오차 없이 수행하느라 보이지 않는 곳에서 날아다녔던 크루들의 활약을 하객들은 의식하지 못한다.

행사가 끝나갈 무렵 들여다본 내 휴대폰에는 16시간 근무의 기록이 고스란히 담겨 있었다. 리조트 내에서 무려 2만 3천 보라니. 6개월에 걸쳐 스펙터클하게 진행된 이 커플과의 결혼식 만들기 프로젝트는 주인공들의 간절했던 바람을 발판으로 도전 정신 충만했던 행사 관계자들의 열정이 더해져 완벽하게 마무리되었다.

늦은 밤, 크루들과의 맥주 뒤풀이에서 두 번은 못 하겠다고 자조 섞인 너털웃음으로 소회를 풀어놓았으나, 꿈꾸는 듯한 눈으로 결혼식의 로망을 풀어놓는 예비 신부를 또 만나게 되면 아마도 외면하지 못할 것이다. 신부들의 판타지를 실현해줄 요정 할머니를 자처하며 나의 멘탈을 스스로 고문할 것이 자명하겠으나, 그들로 인해 맛보게 될 성취의 쾌감은 충분히 황홀하고 달콤하며 중독적이다. 어려운 미적분 함수를 풀었을 때의 짜릿한 개운함처럼.

3

웨딩룩,
진.화.
하.다.

브라이덜 패션 위크와
렌트 마켓

뉴욕에서 시작되어 런던, 밀라노, 파리로 이어지는 4대 메이저 패션위크 가 끝나면 많은 매체가 짐을 꾸려 떠나지만, 며칠간의 짧은 휴지기가 지 나면 런웨이는 또 한 번 새하얀 물결로 넘실거리게 된다. 예비 신부들의 마음을 뒤흔들어 놓을 브라이덜 위크bridal week가 시작되는 것이다.

실제 계절보다 6개월 앞서 다음 시즌의 새로운 컬렉션이 발표되는 레 디 투 웨어ready to wear와는 달리 브라이덜 위크의 시계추는 1년을 앞 서간다. 공유경제의 확산 이전부터 일찌감치 '대여' 시스템으로 안착된 한국의 웨딩드레스 산업은 매우 독특한 형태이다. 외국에서는 예비 신 부가 드레스 숍에 있는 스타일들을 입어보고 디자인을 선택한 후 본인 의 사이즈로 주문을 넣는다. 다시 말해 '리오더reorder' 시스템이다. 이 렇게 주문을 넣은 신부의 드레스는 약 5~6개월 후 부티크에 도착하게 되고, 본인의 결혼식을 1개월여 앞둔 시점에 드레스를 수령할 수 있도 록 여유 있게 주문 날짜를 맞춘다.

매해 4월과 10월에 열리는 뉴욕 브라이덜 패션위크New York Bridal Fashion Week 기간에 바이어들이 주문한 드레스들이 매장에 도착하기 까지는 약 6개월의 시간이 걸린다. 매장에 도착한 그 디자인들을 보고 주문한 신부들의 드레스가 완성되어 도착하기까지는 또 약 4~5개월가 량의 시간이 지나야 하므로 브라이덜 위크의 새 컬렉션 발표는 1년 전에 선행되는 것이다. 즉, 2019년 봄에 선보인 새로운 스타일들은 2020년 봄 신부들을 위한 컬렉션으로, "Spring 2020 collection"으로 명명된다.

디지털 기기의 보급과 함께 인터넷 미디어들의 발달로 브라이덜 위크의 드레스 쇼와 프레젠테이션 사진들이 실시간으로 업로드되다 보니, 전 세계에서 가장 신상품 소구력이 높은 서울의 예비 신부들은 SNS를 떠도는 새 컬렉션 사진들 속의 드레스들을 바로 입어보길 원한다. 바이어들이 주문한 스타일들이 숍에 도착하기도 전에. 당장. 즉시. 라잇나우.

바이어들이 주문한 신상품 스타일들이 매장에 당도한 후 그것들 중에서 본인의 드레스를 주문해 4개월(혹은 그 이상)을 기다려야 가질 수 있는 서양의 신부들과 비교할 때 한국의 신부들이 얼리 어답터early adopter가 될 수밖에 없다. 우리는 숍에 막 도착한 그 새 스타일들을 바로 대여해 입을 수 있는 렌트 시스템으로 안착된 덕분이다.

웨딩드레스도 봄, 가을 연 2회에 걸쳐 디자이너들의 새로운 컬렉션이 발표되다 보니 이 브라이덜 룩에도 새롭게 등장하거나 더 발전된 '트렌드'라는 것이 눈에 들어오기는 한다. 웨딩 산업을 타깃으로 한 매체들은 다 함께 약속이라도 한듯 매해 봄 가을 트렌드와 관련한 질문을 던져오고 그때마다 똑같이 피력하는 내 생각은 이러하다.

매 시즌 잇 백it bag과 잇 슈즈it shoes의 등장에 열광하며 새로운 아이템과 트렌드로 변신하기를 주저 않는 스타일 헌터들이 가득한 레디 투 웨어의 패션 월드와는 달리, 브라이덜 카테고리는 "재구매"가 불가능한 독특한 마켓이라는 데서 트렌드는 명분을 잃는다. 제아무리 패셔너블한 고객일지라도 신부가 되는 일은 평생 단 한 번뿐이므로(대개의 경우엔!), 이 단 한 번의 쇼핑 찬스에서 금기를 깨고 일탈을 도모하기란 쉽지 않기 때문이다. 그리고 특히 그 아이템이 웨딩드레스일 때, 신부 자신의 즐거움만을 위한 쇼핑 행위가 아니라 양가 부모님을 비롯한 지인들의 시선과 친구들의 품평을 모두 의식해야 하는 결정 장애의 과정이 되기 십상이다.

그러므로 누구보다 냉철하고 주관적 사고가 뚜렷했던 신부들도 웨딩드레스를 고르는 과정에서는 별안간 팔랑귀가 되는 상황을 빈번하게 마

주한다. 재생할 수 없는 일회성의 이벤트를 위해 단 한 벌을 선택해야 하는 순간, 때때로 그들의 모습은 나라를 구하는 일처럼 비장하기까지 하다. 그런 그들을 다독이는 과정에서 정신적 에너지의 소모가 크지만 솔직히 그런 그들의 욕구불만이 이해되어 짠한 마음이 들 때도 있다. 바닥을 쓰는 드레스를 차려입으며 자신을 한껏 꾸밀 이벤트가 한국의 여성들에게는 결혼식 외에는 좀처럼 주어지지 않기 때문이다. 서양의 고교 졸업 파티인 프롬(prom, promenad의 약칭)도 없고 친구의 결혼식을 위한 들러리 드레스를 입을 일도 드물며 블랙타이 드레스 코드의 갈라 파티에 참석할 기회는 더더욱 없다.

그러나 한국의 웨딩드레스 산업이 렌트 마켓으로 자리 잡은 아주 독특한 구조와 시스템 덕에 욕구 분출을 위한 대체재가 존재한다. 흔히들 스튜디오 촬영, 리허설 촬영, 야외 촬영 등의 이름으로 불리는 '프리웨딩 pre-wedding 촬영'이다. 한국과 일본을 제외한 거의 대부분의 나라에서 웨딩드레스는 구매하거나 맞춤으로 입어야 하고 이 관습은 빈부와 무관하다. 부유하지 않은 신부도 웨딩드레스는 구입한다. 다만 저렴한 것을 구입할 뿐이다. 그러므로 유명 디자이너의 드레스를 두세 벌씩 입고 각종 소품과 액세서리들을 활용해 스튜디오의 더러운 바닥과 야외의 정원을 쓸며 마음껏 촬영하는 기회를 갖는 건 해외에선 극소수의 슈퍼리치 신부가 아니고선 꿈도 꾸지 못할 일이다.

웨딩드레스 산업 구조가 이렇듯 판이하다 보니 디자이너가 아무리 참신한 아이디어를 바탕으로 대안적 디자인과 파격적인 스타일을 제안하며 새로운 컬렉션을 선보여도, 신부들에게 주문을 받고 판매를 해야 하는 드레스 숍들의 입장에선 판매가 꾸준히 되는 스테디셀러 스타일 위주로 구성할 수밖에 없다. 해외의 유명 브라이덜 부티크보다 한국에 더욱 다양하고 진취적인 스타일들이 수입되어 있는 건 그런 이유에서다. 한 벌의 구매 금액에도 못 미치는 금액으로 여러 벌을 입을 수 있는 '대여' 시스템 덕분이다. 누구의 시선과 참견에서도 비교적 자유롭고 잡지 화보의 모델이 된 듯, 원하는 대로 변신 가능한 프리웨딩 촬영의 기회를 통해 결혼식에서 감행할 수 없는 패셔너블한 스타일을 경험해보는 것이다.

이미지 업로드로 소통하는 SNS의 확산은 프리웨딩 촬영의 진화에 크게 기여했다. 하늘 아래 새로운 것은 없다지만, SNS로 노출되는 타인의 프리웨딩 촬영과 결혼식 모습들을 보면 아름다움의 주관적 기준이 매번 경신됨을 자각한다. SNS는 무관심했던 이미지 쟁취의 욕구를 자극하는 촉진제가 되었다.

팬데믹을 경험하며 더욱 가속화된 스몰 웨딩 선호의 분위기에서, 결혼식의 규모를 줄이는 대신 프리웨딩 촬영에 투자를 늘리는 성향도 늘어나는 추세다. 사회적 거리두기 행정명령의 기준이 어떻게 상향 조정되고 발동될지, 해외 입국자의 자가격리 지침이 언제까지 이어질지 알 수 없는 상황에서 결혼식이 기약 없이 연기되는 안타까운 경우도 비일비재했다. 감염병의 확산하에 하객을 편히 초대하기도 난처하고 드림 웨딩의 실현도 어려워진 환경에서 그들이 선택한 대안은 자신들이 오롯이 즐길 수 있는 프리웨딩 촬영이었다. 끝이 보이지 않는 불투명한 미래로 유보된 성혼선언 대신, 두 사람의 사랑의 맹세이자 주변인들에게 약혼을 공표하는 장치로서 말이다.

간단하게 끝내려고 했던 프리웨딩 촬영에 좀 더 시간과 비용을 들여 다양한 드레스 스타일들을 추가하거나 제주도로 떠나는 등, 흡사 잡지 화보를 기획하듯 촬영 스케일을 키우는 신부들이 늘어나고 있다. 이 현상은 코로나 상황이 끝나더라도 멈추지 않을 듯하다. 여행에 굶주린 이들을 더욱 밖으로 내몰 테니까. 에펠탑을 배경으로, 푸껫의 해변에서, 혹은 제주도의 감귤밭에서 프리웨딩 촬영은 계속될 것이다.

나는 이 추세를 과한 욕심이라 생각하지 않을뿐더러 오히려 두 팔 벌려 환영한다. 신부의 신분을 벗어나면 드레스를 차려입고 자신을 한껏 꾸밀 이벤트가 도무지 없는 한국에 살고 있는 이들이 대부분이니 이 한 번의 기회를 마음껏 누리라 격려하고 싶을 정도다. 누구에게든 '오늘'은 인생에서 가장 젊고 아름다운 날이지 않은가. 뒤이어 찾아올 임신과 출산, 고된 육아 라이프가 펼쳐지면서 사는 게 힘에 부칠 때마다 들여다보며 추억할 인생 사진이 여자들에겐 필요하다.

웨딩드레스 대신
화이트 셔츠

2016년 5월, FKI 타워, 서울, 한국

일의 인연으로 닿았던 인테리어 디자이너가 뒤늦게 알고 보니 대학 후배였다. 부끄럽게도, 밀어주고 끌어주는 돈독한 선후배 관계 없이 대학 시절을 보냈고 졸업 후 후배들과 정기적으로 교류하는 자랑스러운 선배가 되질 못했다. 졸업한 지 이십몇 년이 지나서야 침착하고 어른스러운 성품의 후배를 만나 반가이 여기던 중, 오랜 연애 시절을 마감하고 결혼하기로 했다는 소식을 내게 전해왔다. 오랫동안 함께 인테리어 디자이너로 일하던 상사이자 동료가 운명의 평생 배필임을 알게 됐고 약혼자 신분으로 격상된 것이다.

공간에 대한 안목이 남다른 인테리어 디자이너 커플이 고심해 결정한 결혼식 장소는 여의도 전경련회관 50층에 들어선 스카이팜 레스토랑 〈세상의 모든 아침〉으로, 건축가 최시영 선생의 작품이다. 한국에서는 좀처럼 보기 힘든 높은 층고와 실내로 들여온 농장 콘셉트의 인테리어 오브제 덕에 별다른 장식을 하지 않아도 공간 자체로 이미 이국적인 감성이 느껴지는 곳이다. 시원한 통창과 지붕창으로 햇살이 한가득 들어차 실내 공간과 야외의 장점이 잘 결합된, 화사하고 예쁜 장소다.

평범한 신데렐라 볼가운을 입지 않을 거라곤 예상했지만, 드레스 숍 운영하는 선배에게 찾아와 설마 '드레스 안 입는 스타일링'이라는 난해하고도 어려운 숙제를 부탁하리라곤 예상치 못했었다. 신부가 웨딩드레스를 입지 않겠다니 이게 무슨 도발인가 싶어 적잖이 당황했음을 이제와 솔직히 고백한다. 그래도 나를 의지해 찾아와 줬으니 고맙기도 해

서, 신부를 설득하기보다는 그녀가 원하는 바를 보란 듯이 멋지게 구현해내고픈 도전의식이 앞서 그녀의 요청을 수락했다.

우선은 예비 신부의 평소 모습들을 통해 취향과 개성을 찬찬히 파악하는 과정이 선행되어야 했다. 평소의 이미지에서 느닷없이 다른 사람으로 바뀔 웨딩드레스에 대한 알러지가 있는 신부였으니, 자연스러운 평소의 스타일과 신부의 웨딩룩에서 교집합이 될 만한 요소를 찾는 것이 중요했다. 시공을 의뢰한 고객의 인테리어 시안 작업에 골몰하느라 늘 피곤한 기색이 역력했고 적당한 긴장감이 감도는 이지적인 모습은 언제 만나도 한결같은 그녀의 이미지였다. 숏커트 헤어스타일이 잘 어울리던 그녀가 즐겨 입는 패션 아이템은 자연스러운 구김이 매력적인 '셔츠'라는 걸, 몇 번의 만남이 거듭되며 알게 되었다.

숏커트와 셔츠라는 키워드로 참고 자료가 될 만한 사진들을 뒤적이던 중 레드카펫 위에서 자신들의 세련미를 제대로 드러낸 두 여배우의 사진이 내 눈에 날아와 꽂혔다. 두 영화배우, 1998년 아카데미 시상식에서의 샤론 스톤과 2011년 골든 글로브 레드카펫의 틸다 스윈튼이다.

베라 왕Vera Wang의 새틴스커트에 갭Gap의 화이트 셔츠를 매치한 샤론 스톤의 세련된 믹스매치는 꼭 한번 따라 해보고 싶어서 오랫동안 저장해둔 사진이었다. 하이패션과 대중적 브랜드를 섞어 레드카펫 룩으로 기가 막히게 재창조해낸 스타일리스트를 칭찬해주고 싶었고 그걸 거부하지 않고 멋지게 입어낸 여배우에게 찬사를 보내고 싶었던 룩이다.

신비로운 녹안과 함께 시원시원 큰 키로 늘 멋진 옷 태를 자랑하는 틸다 스윈튼도 비슷한 콘셉트의 질 샌더Jil Sander 룩으로 글래머러스 드레스들 일색의 레드카펫에서 주목을 받은 바 있다. 그리고 이 사진이 찍혔던 당시 그녀들의 헤어스타일은 공통적으로 숏커트였다. 그녀처럼, 아니 그녀가 이 여배우들처럼.

평소 셔츠 차림을 즐기던 그녀에게 가장 기본에 충실한 클래식 화이트 셔츠를 준비해 오라는 지침을 하달했다. 그녀가 구입해 온 셔츠는 누구

나 접근 가능한 캐주얼 브랜드의 정직하고 수수한 코튼 화이트 셔츠. 단추를 모두 떼어내고 단추 여밈 대신 몸을 부드럽게 감싸듯 여며보니, 출근복 재킷 안에 입음 직한 캐주얼 아이템이 분위기 있는 포멀 웨어로 스르륵 표정을 바꾸었다. 그리고 나는 소장하고 있던 웨딩 세퍼레이츠 wedding separates의 단품 아이템들을 뒤져 크림색의 바삭거리는 실크 태피터silk taffeta 스커트를 찾아냈다.

이제 이 두 가지 성격 다른 단품들을 잘 조립해 신부를 위한 액세서리들과 버무려 하나의 룩으로 완성하면 될 일. 그것이 바로 나의 역할이었다. 친정어머니의 담백하고 우아한 진주목걸이를 목에 걸고 그녀의 시크한 숏커트 헤어스타일에 방해되지 않도록 크리스털 헤어밴드에 미니 사이즈의 베일을 매치했다. 신부가 조금의 주저함도 없이 절대적으로 지지해줬던 화이트 셔츠 웨딩룩은 이렇게 완성되었다.

넥타이나 보타이로 목 부분을 단단히 채워야 하는 준엄한 신랑의 예복도 함께 과감해졌다. '타이tie'라는 격식을 벗고 단추를 풀어 신부의 상의와 마찬가지로 캐주얼한 느낌을 그대로 드러냈다. 엄격한 슈트 대신 블루 계열의 재킷을 매치한 콤비네이션을 양가 아버님들의 혼주 룩으로 선택한 건 온전히 신부의 센스였다. 친정아버지의 푸른 재킷 옆 신부

의 화이트 셔츠는 더욱 세련된 하모니를 이루었다.

'신부'와 '웨딩드레스'라는 일생 단 한 번의 조합에서만 누릴 수 있는 공주놀이 기회를 과감히 버리고 가장 자신다운 모습의 웨딩룩을 찾길 원했던 그녀는 멋쟁이 중의 멋쟁이이자 모던 브라이드로 내 기억에 남았다. 비록 드레스 숍 운영하는 선배의 월매출에는 전혀 일조하지 못한 고객이었지만.

선배는 웨딩룩 스타일링을 하고 플로리스트 후배는 테이블을 꾸미며 지인들이 팔 걷어붙이고 힘을 보탰으니 십시일반 상부상조 품앗이 등 우리의 미풍양속이 제대로 발현된 결혼식이지 않은가. 꽃잎을 뿌리는 대신 비눗방울을 불어 축하 무드를 끌어올린 하객들까지도 모두 이 결혼식을 완성한 멋진 조력자들이었다.

신부의 개성을 파악하고 취향을 최대한 존중했으니 이런 웨딩룩 스타일링이 가능하기도 했겠지만, 스타일리스트가 만들어낼 결과물에 대한 그녀의 절대적 신뢰가 없었더라면 이런 새로운 스타일이 탄생할 기회를 얻을 수 있었을까? 번쩍번쩍 요란한 드레스들이 저마다 화려함을 뽐내는 영화제 행사에서 흰색의 면 셔츠로 레드카펫을 도발한 여배우나, 내게 드레스 없는 드레스 스타일링을 주문한 그녀나, 새로운 것을 받아들이는 데 주저함이 없었던 그들이 존재했던 덕분에 세상에 내보일 기회를 얻은 것이다. 예술가에게 후견인이 필요하듯 개척자에게도 지지자가 필요하다.

주변에서 흔히 볼 수 있는 아이템의 착장 방법을 바꾸고 새로운 용도를 부여해 재조립하는 스타일링의 과정을 함께 즐길 신부를 나는 언제나 열렬히 환영한다. 그대들이여, 도전을 두려워 말기를. 어차피 그래봐야 세상이 뒤집어질 일도 아닌, 그저 옷일 뿐이다.

니트 톱과
사브리나 팬츠

2018년 6월, 그랜드 하얏트 호텔, 서울, 한국

오랜 시간 서울과 뉴욕을 오가며 패션 이력을 쌓다가 2008년에 귀국해 현재의 이 자리에 웨딩드레스 편집매장을 오픈한 지 어느덧 12년의 시간이 흘렀다. 해외 디자이너의 웨딩드레스 라인이 생소하던 12년 전, 레디 투 웨어만큼이나 개성이 뚜렷하고 다양한 웨딩드레스 브랜드들을 엄선한 스타일 구성과 브랜드 본사와의 체계적인 바잉 시스템은 지루했던 국내의 웨딩드레스 시장을 개안시키며 스타일 선택의 다양화에 기여했다고 자부한다. 오픈 초기부터 웨딩드레스 단품만이 아닌 완벽한 '토털 룩 스타일링total look styling'을 지향했던 까닭에, 헤드피스headpiece*와 베일veil 등 액세서리 또한 최상급 브랜드와 스타일들로 갖추어왔음은 물론이다. 국내의 웨딩 마켓에 생소하던 '스타일링'의 개념을 처음 도입해 자리 잡게 했다는 평가도 굳이 사양하지 않으련다.

기존의 웨딩드레스 숍들과는 많이 차별화되었던 창업 당시의 스타일 콘셉트는 패션업계에 오랜 시간 종사하면서 알게 된 지인들과 후배들에게 신선하게 받아들여졌던 모양이다. 오픈 초기 상당수의 고객이 패션과 예술 분야의 직업군에서 활약하던 속칭 골드 미스 신부였다. 일에 매진하느라 대체로 삼십대 중반을 넘긴 예비 신부들을 만나는 빈도는 10여 년 전보다 훨씬 높아지고 있다. 직장에서 비교적 존재감 있는 위치에 도달했고 경제적 자립도 어느 정도 갖추었으며 부모로부터 정신적 독립 또한 이룬 그녀들은 부모가 기대하는 참하고 조신한 신부의 전형적 이미지에 더는 편승하지 않는 경우가 많다. 20대부터 30대 초반에 걸친 스타일 방랑을 끝내고 본인만의 고유한 스타일을 찾아 안착해 감각적으로도 안정되어 있게 마련이다.

여전히 사회적으로 능력 있고 패셔너블한 멋쟁이 후배들이 예비 신부 고객이 되어 찾아올 때, 30대 중반을 훌쩍 넘긴 그녀들에게 보송보송 사랑스러운 신부의 콘셉트를 들이대며 프린세스 코스튬costume을 권할 수는 없는 노릇이다. 상황이 이러하니 나이 든 신부라도 멋지게 입어낼 수 있는 세련미로 가득한 스타일링에 대한 고민과 탐구는 늘 나의 과제였다. 또한 하객 100여 명 안팎의 소규모 웨딩이 점차 늘어남에 따라 웨딩 베뉴의 다양화와 더불어 웨딩룩의 다양화가 동반되는 추세다.

핸드백 디자이너로 일하며 늘 세련된 차림이었던 그녀는 내 오랜 남사친의 여자 친구였다. 약혼녀가 되어 신부 고객이 된 그녀의 최대 고민은 자그마한 체구였다. 맞춤 주문이 아닌 한, 대여 시장인 한국의 웨딩드레스 숍에 그녀의 아담하고 갸날픈 몸에 완벽한 밸런스로 똑 들어맞을 드레스는 없을 것이 자명했다. 그리고 신부의 나이는 그때 이미 마흔이었다.

공주님 드레스 스타일에 손사래를 치는 마흔 살 신부의 웨딩룩을 완성하기 위해 우리는 아주 진보적인 착장으로 결단했다. 해외 직구 사이트를 뒤져 본인이 직접 구입한 새하얀 니트 톱에 흰색의 날렵한 사브리나 팬츠sabrina pants를 매치하는 파격을 감행하는 것에 의견 일치를 보았다.

파격을 위한 파격을 의도한 건 아니었으니 신부로서의 아이덴티티가 한눈에 느껴질 수 있는 요소들을 더해주어야 했다. 팬츠 위에 튈* 오버 스커트tulle over-skirt를 겹쳐서 덧입는 절충안을 제안했고, 아이디어의 차용은 미국의 모델이자 사교계 인사였던 올리비아 팔레르모Olivia Palermo의 캐주얼한 웨딩룩으로부터였다. 마침 내게 이와 유사한 튈 소재의 랩 스커트가 있어서 신부에게 바로 입혀볼 수 있었다. 드레스 대신 단품 아이템들을 조합한 스리피스를 선택한 신부의 용기와 결단은 지금 다시 생각해도 대견하다. 신부의 웨딩룩이 이렇게나 혁신적인 스타일로 결정되었으니, 기혼인 신부의 자매들과 신랑의 누이도 한복 대신 종아리까지만 덮이는 경쾌한 드레스를 입는 것으로 스타일이 정해졌다.

하객이 많지 않은 소규모의 결혼식에선 모든 자잘한 요소들이 훨씬 더 눈에 띌 수밖에 없다. 전체적인 분위기가 서로 조화를 이루며 한 가지 콘셉트로 느껴지도록 맞추다 보니 신부 부케와 신랑 부토니아boutonnière* 외에 추가하게 된 꽃 소품들의 종류도 자연스레 함께 다채로워질 수 있었다. 아름다운 자매들의 어깨에는 길고 낭창거리는 생화 코르사주corsage*를 얹어 혼주의 가족임을 드러내는 연출을 했고, 화동인 조카에게는 미니 부케 대신 동그란 리스wreath를 만들어 들려주었다. 신부의 부케도 캐주얼한 웨딩룩에 어우러지도록 형태에 변화를 주어 클러치백clutch bag을 그러쥔 것처럼 독특한 형태로 준비했다. 고전적인 둥근 형태의 묶음에서 모양이 많이 변형된 이 형태는 2017년 나의 웨딩룩 스타일링 쇼에서 처음 시도해 선보인 후 내 마음대로 '클러치 부케'라 명명해 발전시켜보고 있는 종류다. 이후 SNS에 많은 예비 신부의 웨딩 촬영에서 다양한 변주가 목격되니, 단조롭던 웨딩 부케에 다양성을

더하는 데 일조했다는 은근한 자부심이 생겼다.

센세이션을 일으킨 요소가 더 있었다. 신부 베일의 전형을 버리고 '다름'과 '새로움'을 제안했던 미니 베일은 자연스럽게 결을 살려 묶은 참새 꽁지머리에 잘 어울렸다. 신부의 머리가 짧아 긴 길이의 베일이 너무 무거워 보일 것을 염려해 생각해낸 아이디어였는데, 소장하고 있던 프렌치넷 블러셔French-net blusher* 베일에 튈 조각과 새틴 리본을 조합해 만들어냈다(흔히들 '페이스 베일'이라 부르는, 얼굴을 가리는 베일의 정식 명칭은 '블러셔'이다). 니트 톱과 사브리나 팬츠를 입는 신부인 데다 결혼식 장소는 볼룸ballroom이 아닌 가족행사 규모의 연회장이었으니 성당에서나 어울릴 법한 길고 장중한 베일을 매치할 순 없지 않았겠나. 이래저래 새로운 스타일의 제안이 필요했던 상황이었고 결국 그녀 한 사람을 위해 'one-and-only'로 탄생한 소품이다.

나와 신부의 눈에만 예뻐 보인 건 아니었는지, 결혼식이 끝난 후 이 사진을 캡처해 오는 숍 방문객들의 호평이 이어졌다. 몇몇 예비 신부들에게만 보이는 것이 아까워 그해 2018년 8월의 스타일링 쇼에 등장시켰더니 채송화 번식하듯 수많은 복제와 유사품을 양산해내며 헤드피스의 새로운 트렌드를 이끈 참신한 스타일이다.

전형을 부수고 파격을 감행할 용기를 모두에게 기대할 수 없음을 잘 알고 있다. 그러므로 이런 모던 걸 같은 신부를 만나는 것도 스타일리스트의 운이라면 그녀는 내게 정말 큰 행운의 인연인 셈이다. MODERN, CHIC, STYLISH를 키워드로 삼는 〈비욘드 더 드레스〉의 스타일 정체성을 마음껏 발현할 기회를 준 그녀는 최고의 고객이었다.

내 남자의
아웃핏을 위하여

본인의 웨딩드레스를 고를 땐 무척 까다롭게 굴던 신부들도 내 남자의 결혼식 예복엔 크게 관심을 두지 않는 경우가 꽤 많은 듯하다. 결혼식을 마치고 소셜 네크워크를 통해 공개한 그녀들의 결혼식 사진에서 신랑의 예복을 보는 순간 실망감을 감추지 못할 때가 종종 있기 때문이다.

신부의 웨딩룩을 구성하는 요소들이 날로 변화무쌍해지는 것에 비해 그저 '양복'으로 통칭되는 남자들의 예복이 상대적으로 단조로워 보여서일까. 남자들의 입성에서 시간과 장소, 상황에 적절하도록 요구되는 규칙과 매너는 생각보다 엄격하고 복잡하다. 그러나 신부도, 당사자인 신랑도 옷을 통해 지켜야 할 에티켓을 대부분 잘 모른다. 조언이라도 구하면 좋으련만 언제부터 그런 근거 없는 믿음이 정착되었는지 신랑은 으레 턱시도tuxedo를 입어야 하는 것으로 알고 있다.

언제 턱시도를 입어야 하고 언제 슈트를 입어야 할지 모호하거나, 턱시도와 슈트의 명확한 차이조차 알지 못하는 대다수의 예비 신랑을 위해 클래식 턱시도의 구성 요소들과 함께 우선 이 둘을 구분하는 특징부터 설명하고 싶다.

아무리 사심을 배제해도 엄지를 치켜들 수밖에 없는 턱시도의 교본은 배우 다니엘 크레이그다. 007 시리즈의 제임스 본드로 분한 그가 악당을 향해 육중한 주먹을 날릴 때 아이러니하게도 그의 아웃핏은 대개 보타이를 맨 턱시도 차림이다.

새틴 배색(Satin trimming)

턱시도와 슈트를 비교할 때 가장 먼저 육안으로 뚜렷하게 구분되는 큰 차이점은 바로 새틴 디테일들이다. 흔히들 칼라라고 부르는 재킷의 라펠* 부분이 매끈한 실크 새틴 소재로 된 것이 턱시도이다. 새틴은 광택을 살리는 직조법으로 짜인 천의 명칭으로 우리에겐 '공단'이라는 단어로 익숙하다. 그리고 재킷의 버튼도 라펠처럼 새틴으로 감싼 싸개단추가 달려 있다.

바지에는 옆선을 따라 길게 놓은 새틴 스트라이프 배색이 필수다. 이 스트라이프가 없다면 엄격하게는 턱시도 팬츠라고 할 수 없다.

소품들(Accessories)

클래식 턱시도와 짝을 이루는 가장 대표적인 액세서리는 보타이self-tied bowtie 다. 우리는 흔히 나비넥타이라고 부르는데 풀었을 땐 끝자락이 나비 모양인 긴 띠다. 손으로 묶어 자연스러운 매듭을 만드는 형태가 제대로 된 보타이의 정석이다.

그러므로 내 남자에게서 격조와 기품이 느껴지고 그가 우아한 섹시함으로 돋보이길 원한다면, 공장에서 몰드로 찍어 만든 듯한 (어린이 합창단 같은) 각 잡힌 보타이는 부디 사양하길 바란다.

그리고 또 하나의 독특한 소품인 커머번드cummerbund*를 소개한다. 바지의 허리 부분을 감춰 깔끔한 매무새로 마무리하는 용도다. 벨트는 하지 않는다. 바지 허리가 낙낙해 불안하다면 서스펜더suspender를 착용할 것을 추천한다.

셔츠 스타일(Shirt style)

턱시도를 받쳐주는 완벽한 내의는 화이트 셔츠다. 칼라는 턴다운 칼라turn down collar나 윙 칼라wing collar 모두 괜찮다. 앞가슴 부분의 핀턱pin tuck* 디테일이 요즈음은 생략되기도 한다. 단추들은 안으로 숨겨지거나 흰색으로 깔끔하게 마무리되기도 하지만, 오닉스onyx가 콕콕 박힌 듯한 블랙 버튼으로 특별한 날을 위한 무드를 강조해볼 것을 권한다(키가 살짝 커 보이는 착시 효과도 노릴 수 있다).

구두(Shoes)

구두는 블랙 페이턴트patent leather 슈즈를 신는다. 반짝반짝한 광택의 검은색 에나멜 구두 역시 턱시도를 구성하는 엄격한 규칙 중 하나다.

자, 그렇다면 갖출 것이 이리 많은 턱시도는 어떤 웨딩에서 입어야 할까.

기억할 것은, 턱시도는 오직 이브닝 이벤트에만 허용되는 정장이라는 것이다. 남자들의 착장은 사실 따지고 들자면 매우 엄격한 규칙이 많다. 어떤 상황에서 입어야 하는지가 옷의 정식 명칭에 들어가 있는 경우가 특히 그러하다. 턱시도의 정식 풀 네임은 이브닝 턱시도Evening Tuxedo인즉, 저녁에 입으라는 의미를 포함하고 있다. 그러므로 늦은 오후나 저녁 예식에 적합하다. 아카데미 시상식 같은 영화제의 레드카펫을 밟는 미남 배우들의 차림새가 턱시도인 이유가 여기에 있다. 한국 시간 오전 10시를 전후로 생중계되는 아카데미 시상식은 미국 LA 현지 시간으로 오후 5시경 레드카펫에 도착하는 배우들의 인터뷰를 시작으로 저녁 7시에 시작된다.

낮 동안의 이른 오후 결혼식이어도 하객들에게 드레스 코드가 부여된 아주 격식을 갖춘 블랙 타이black tie 웨딩을 기획했다면 신랑의 예복이 턱시도여도 괜찮다. 혹시 외국 생활 중 파티에 초대받았는데 초대장에 'White Tie' 또는 'Black Tie Invited' 혹은 'Black Tie Preferred'라 적혀 있다면, 이건 참석자들에게 아주 절도 있는 복장을 요구하는 엄격한 메시지이다. 여성 초대객들은 바닥에 닿는 길이의 긴 드레스를, 남성 초대객들은 턱시도를 입으라는 단호한 주문이다.

낮 시간대의 결혼식이라면 슈트가 적합하다. 그러나 낮에 시작해 저녁에 끝나는 결혼식이라면 슈트거나 턱시도거나 어떤 것을 선택해도 좋다. 자연 경관을 조망하는 야외 웨딩과 종교시설에서의 웨딩에서 역시 슈트가 더 적절하다.

두 사람이지만 하나가 되는 신랑 신부의 하모니를 위해 신부가 무엇을 입는지도 고려해야 한다. 과도한 꾸밈 없이 자연스러운 빈티지 무드의 드레스나 티 렝스tea-length*의 드레스를 입는다면 신랑은 단연코 슈트를 선택할 것.

슈트의 컬러는 우아한 다크 그레이dark grey나 댄디한 다크 네이비dark navy를 추천한다. 우리말로는 흔히 '쥐색'과 '감색'으로 불린다. 한때 일본식 발음을 따라 곤색으로도 불렸던 어두운 남색은 '감색'이라는 명칭이 맞다. 넥타이는 밝고 화사한 컬러이되 가급적 무늬가 없는 것을 권한다. 결혼식에 참석한 남자 하객들의 착장과 비교했을 때 신랑으로서의 아이덴티티가 확실하게 느껴질 도브 그레이Dove Grey나 실버 그레이 Silver Grey 또는 아이보리 색상을 추천한다.

해가 떠 있는 이른 오후의 결혼식을 마치고 밤의 피로연을 위해 턱시도로 갈아입는다면 아주 근사한 변신이 될 것이다. 근래엔 클래식 블랙 앤 화이트 턱시도에서 진일보한 모던 턱스 스타일들이 대거 등장하며 턱시도와 슈트의 구분은 더욱 모호해졌다. 그러나 모든 상황을 차치하고 가장 안전한 선택이 무엇이냐 묻는다면, 단언컨대 다크 컬러의 슈트를 입으라고 조언하고 싶다. 단, 블랙은 제외하고 말이다. 클래식 턱시도가 아닌 슈트가 검은 색이면 장례식 참석을 위한 복장과 경계가 모호하기 때문이다.

슈트와 턱시도 이상으로 궁극의 격식을 갖춘 남성 예복도 있다. 우리는 그것의 존재를 군주제 국가들의 로열웨딩을 통해 간간이 보게 된다. 마차 행렬과 테라스 키스로 전 세계 어린 소녀들에게 동화 속 공주님의 꿈을 가시화해주는 영국 왕실의 결혼식이 대표적인 예다. 옆 사진에서 보듯 왕실 결혼식에 참석한 남자 하객들에게서 공통적으로 볼 수 있는 복장이 있으니, 앞여밈 바로 아래부터 사선으로 재단되어 뒤쪽으로 길게 이어지며 엉덩이를 완전히 덮는 하프코트 길이의 재킷과 회색 스트라이프 바지 그리고 조끼까지 스리피스로 구성된 것이다. 이것의 정식 명칭은 모닝 코트Morning Coat다.

이브닝 턱시도가 이름처럼 저녁의 연회에 적합한 복장이듯, 모닝 코트 역시 이름에서 이미 옷의 거취가 엄격하게 결정되어 있다. 모닝 코트는 격식을 갖춘 오전 행사에 입는 복장인 것이다. 왕실 결혼식에 참석한 남

자 하객들 대부분의 차림새가 모닝 코트인 것은 바로 대부분의 로열웨딩이 오전 11시에 거행되기 때문이다. 엘리자베스 여왕의 장손으로 영국의 왕위 계승 서열 2위인 왕세손 윌리엄과 케이트 미들턴의 웨딩도 오전 11시였다. 그러므로 누군가 이 왕실 결혼식에 하객으로 초청받은 것에 고무된 나머지, 나름 애써 멋 좀 부려보겠다고 밤의 연회복인 턱시도를 입고 나타난다면 왕실 의전팀에서 조용히 다가와 어디론가 데려가 옷을 갈아입힐지도 모를 일이다.

윌리엄과 해리 왕자의 사촌인 유제니 공주와 결혼해 로열 패밀리의 일원이 된 신랑의 예복도 모닝 코트였다. 남자 친구가 로열 패밀리의 일원이거나 신부가 공주의 신분이라 약혼자가 부마가 되는 경우가 아닐지라도, 매우 격식을 갖춰야 하는 엄중한 행사라면 선택해도 무방하다. 우리나라에서는 1990년대와 2000년대 초반에 맺어진 재벌가의 혼사를 소개하는 사진들에서 간혹 보았다.

이른 낮 시간대의 가장 엄격한 착장이지만 오후 6시 이전의 이른 저녁 이벤트에도 착용 가능하다는 것이 정설이다.

자, 자, 이제 여러분의 신랑이 결혼식을 위해 어떤 아웃핏을 준비했는지 찬찬히 살필지어다. 그대의 모습이 최고의 신부로 완성되려면 그 옆엔 적절하게 차려입은 신랑이 조화롭게 함께해야 한다는 사실을 잊어서는 안 될 것이니.

스타일링 쇼를
고집하는 이유

It's not just a dress, it's style(단순히 드레스 한 벌이 아닙니다. 스타일이 중요하죠).
이것은 내 소셜 네트워크 계정의 프로필 상단에 있는 문구다. 웨딩드레
스를 단순 대여하는 드레스 숍의 주인장으로만 자리매김되길 강력히
거부하는 외침이자 내가 추구하는 캐치프레이즈다. 패션업계에서의 오
랜 경험과 이력을 통해, 똑같은 옷도 스타일리스트의 손을 거치면 다르
게 보일 수 있는 스타일링의 힘을 꾸준히 학습했기 때문이다.

옷을 직접 디자인하고 만드는 디자이너가 아니고, 남이 잘 만들어놓은
제품을 편집해 사 모으는 구매자에 불과하지만, 단순히 드레스 한 벌이
아니라 상호 보완적인 여러 가지 장치들을 통해 업그레이드된 토털룩
을 제안하는 스타일링은 나의 변함없는 관심사이자 일의 목적이다.

매해 여름휴가 직후 서울 시내의 주요 특급 호텔들이 앞다퉈 선보이는
웨딩 페어 행사와 각 드레스 숍들의 신상품 드레스 소개 행사들은 다가
올 웨딩 성수기를 맞기 위해 벌이는 대전이다. 호텔 잔치에 조연으로 출
연하는 행사나 그룹으로 묶여 일정한 규격을 지켜야 하는 드레스 패션
쇼는 애초부터 내 관심권 밖이었다. 어떤 호텔이건 대부분 특정 이미지
로 고착되어 있어 다른 상상력이 개입할 여지가 없고, 쇼를 위해 그들이
대연회장 내에 마련해주는 T 자 형태의 높은 런웨이 무대는 패션계에
서 이미 사라진 지 오랜 구습이기 때문이다. 텅 빈 종이에 내가 원하는
그림을 그려 넣고 싶은 건데, 특급 호텔들의 웨딩 페어는 이미 밑그림이
너무 많이 그려진 채 준비된 캔버스 같다고나 할까.

단순히 모델에게 드레스만 입혀 나열하는 행사가 아닌, 〈비욘드 더 드레스〉만의 스타일링과 뉴룩을 제안하고자 기획된 브라이덜 룩 스타일링 쇼는 어느덧 웨딩 플래너들이 몹시 궁금해하는 연례행사들 중 하나로 자리 잡았다. 시작은 2014년이었고 업계의 주목을 끈 것은 소셜 네트워크 활동이 활발해진 2017년 8월부터다.

스타일링이라는 방법으로 강력한 메시지를 전달하고 싶어 하니, 행사를 위한 장소 선정부터가 늘 고심이고 난항이다. 옷도 물건도 심지어 음식도, 모든 사물은 그것이 놓여 있는 장소와 시간에 따라 물성이 달리 느껴지고 성격이 다르게 전달된다 생각하기 때문에 '어디'에서 보여줄 것인지 장소에 대한 고민이 내겐 기획의 첫 단계다. 한마디로 '때'와 '장소'를 심하게 가리는 기획자다.

2014년 첫 번째 쇼 장소는 청담동에 소재한 복층 구조의 레스토랑이었다. 높은 층고와 드라마틱한 계단에서 뉴욕 부유층들의 별장 지대인 사우샘프턴Southampton의 저택 이미지가 떠올라 다른 후보지 없이 처음부터 이곳이 단 하나의 선택이었다. 오픈 초기라 소위 핫플이었던 그곳의 대표가 대관을 허락할지 불투명한 상황이었지만, 스타일링 쇼 기획안 덕에 승낙을 얻어내 일사천리로 진행되었다(몇 년 후 그 대표의 동생은 나의 고객이 되었다).

부서질듯 섬세한 레이스 드레스들과 통창으로 부드럽게 밀려드는 햇살, 나른한 표정과 걸음걸이로 사뿐사뿐 계단을 내려오는 모델들의 걸음걸이까지 모두 조화로웠다는 평가를 들었다.

〈비욘드 더 드레스〉의 연례행사로 각인된 2017년과 2018년 8월에는 한 리조트 그룹에서 운영하는 여성 회원 전용 클럽 라운지를 빌렸다. 저택의 거실처럼 꾸며진 공간에 잘 조경된 정원이 내다보이는 전망이 내 마음을 사로잡았다. 역시나 이때도 보는 이들의 눈앞에 가까이 다가가는 살롱쇼 스타일의 레이아웃으로 모델들의 워킹 동선을 설계했다.

두 해 연거푸 같은 장소에서 행사를 치렀더니 2019년에는 장소 선정에 대한 고민이 가중되었다. 층고가 높고 자연 채광이 들어오며 런웨이 쇼가 가능한 공간을 접근성 뛰어난 강남권 내에서 찾기란 쉽지 않았다. 이미 잘 알려진 곳은 너무 진부하거나 기함할 만한 대관료로 기를 죽이는 곳이 대부분이었다.

마땅한 후보지가 없어 괴로워하던 때, 성수대교 남단에 신축한 서울옥션 강남센터의 6층 경매장이 서치 레이더에 포착되었다. 어마어마한 셀러브리티가 동원되는 글로벌 브랜드가 아닌 일개 자영업자의 조촐한 행사를 위해 대관을 허락할 가능성은 별로 없어 보였지만, 실낱같은 인연들에 기대어 여기저기에 도움을 청해 마침내 대관이 성사되었다.

미술품들의 전시와 경매장으로 사용되는 공간이니 깨끗한 화이트 큐브의 형태였고, 2개 층을 터서 마련된 높은 층고와 통창으로 길게 관여하는 자연 채광만으로도 완벽한 무대였다. 아트피스를 다루는 서울옥션의 프레스티지 이미지까지 덧입혀져 행사 수일 전 장소를 안내하는 것만으로도 업계 관계자들의 호기심을 불러일으켰다. 실제로 몇몇 참석자로부터 뉴욕의 로프트가 연상됐다는 피드백을 듣기도 했다.

부끄러운 자화자찬을 고백하건대, 이 행사들을 통해 독창적인 스타일링과 뉴룩을 제안하며 국내의 브라이덜 마켓에 '다양성'에 대한 비전을 견인해왔다고 자부한다. 자부심에 대한 몇 가지 근거가 있다.

옆 사진은 2017년에 선보인 스타일링인데, 당시엔 웨딩룩의 액세서리로 생소한 형태인 길게 늘어지는 형태의 드롭 이어링을 매치한 것이다. 세계 4대 패션위크의 컬렉션 무대에 대거 등장하며 새롭게 패션 트렌드로 부상하던 액세서리 아이템이라 이를 웨딩룩에 적극 반영했던 것이다. 발목이 드러나는 경쾌한 길이의 드레스에 매치해 피로연이나 프리웨딩 촬영 룩으로 제안했었는데, 이후 거의 모든 드레스 숍에서 긴 드롭 형태의 이어링을 앞다퉈 구비했을뿐더러 다양한 형태의 제품들이 갖추어졌다. 그때까지 웨딩 액세서리는 주로 헤드피스에 집중되어 있었는데, 헤드피스를 생략하고 드라마틱한 이어링을 매치하는 스타일링으로

전환되기 시작했다. 드롭 이어링의 인기는 여전히 현재진행형이다.

오아아! 하는 탄성이 백스테이지까지 들려왔던 다음 페이지의 드레스는 뉴욕의 신성 디자이너 오스틴 스칼렛Austin Scarlett과 〈비욘드 더 드레스〉의 컬래버레이션으로 탄생된 스타일이었다. 신성 디자이너답게 테일러링에 집중한 오스틴의 작품들을 좀 더 호소력 있게 한국의 신부들에게 소개하고 싶었던 나는 그에게 한국 신부들만을 위한 디자인을 의뢰했다.

디자이너의 스케치와 광목 가봉 샘플이 수차례 오간 뒤 마침내 완성된 디자인이 바로 이 스타일. 그동안 웨딩드레스에서는 잘 볼 수 없었던 반팔의 퍼프 소매와 밖으로 접어 올린 커프스가 있는 디자인에 그를 대표하는 소재인 톡톡한 밀도감의 실크 오간자organza가 사용되어 구름처럼 아름다운 마스터피스가 탄생했다.

나는 이 아름다운 합작품이 뻔한 공주님 이미지의 클리셰로 보이길 원치 않았다. 그래서 티아라* 같은 과한 액세서리를 철저히 배제하고, 밀짚 소재의 자그마한 리본 장식을 미니멀한 베일에 얹어 오드리 헵번이 연상되는 룩으로 마무리해 선보였다. 2017년의 이 스타일링 쇼를 분기점으로 퍼프 소매 웨딩드레스들이 심심치 않게 등장하기 시작했다. 퍼프 소매의 볼륨이 다소곳한 사이즈로 줄어서 변주되긴 했지만 말이다.

대규모의 호텔 웨딩페어가 아닌 아담하고 프라이빗한 공간에서 작은 규모로 기획되는 행사의 장점은 보여주고 싶은 디테일들과 전달하고자 하는 메시지가 효과적으로 스며들 수 있는 점이라고 생각한다.

드레스들이야 그 자체만으로도 모두 충분히 아름다울 테지만 그 아름다움을 더 돋보이게 할 역할로 내가 가장 신경을 쓰는 세 가지 스타일링 요소는 부케, 헤어스타일, 액세서리 매칭이다. SNS에 범람하는 이미지들과 뭐든 한번 유행을 타면 대대적으로 휩쓰는 경향 탓에 최근의 스타일은 어느 부문 할 것 없이 다양성을 잃고 거의 엇비슷한 모습으로 평준화되어가는 듯하다. 그래도 '상향' 평준화되어가고 있으니 다행이라면

다행이랄까. 그래서 무언가 새로운 아름다움을 찾아 다르게 해석해 한 층 업그레이드된 스타일을 제안하고자 골몰하게 된다.

왼쪽 사진의 헤어스타일도 그런 고심의 과정을 거친 결과다. 모델의 올림머리 번헤어bun hair 틈새로 진주가 알알이 보이도록 연출된 소품은 다름 아닌 내 오래된 진주목걸이다. 업두updo*로 틀어 올릴 때 진주목걸이를 꼬아 함께 올린 건데 기대 이상의 완성도로 마무리되어 몹시 흐뭇했던 기억이 있다. 대표적인 클래식 아이템인 진주목걸이는 꼭 한번 도전해보고픈 소품이었다. 진주목걸이가 있어야 할 위치는 응당 목이겠으나, '용도 변경'을 통해 다른 아름다움을 창조해보고 싶었던 욕구는 이 헤어스타일의 완성으로 해갈되었다.

내 상상력과 공상은 곧잘 엉뚱한 곳에서 발현되어 헤어 스타일리스트뿐 아니라 여러 사람을 당황하게 만들곤 한다.

다음 사진은 경쾌한 티 렝스 드레스의 살짝 드러난 발목을 강조하고 싶어 연출해본 플라워 앵클 커프flower ankle cuff다. 꽃팔찌는 자주 보아 왔지만 그럼 '꽃발찌는??'에서 출발한 아이디어. 이 역시 백 스테이지에서 플로리스트와 나의 스태프들을 고생시켰고 전자발찌 아니냐는 어느 괴팍한 이의 비아냥도 들어야 했으나, 새로운 것을 시도하기 좋아하는 몇몇 신부의 웨딩 촬영에서 훌륭한 악센트 역할을 했다.

화려함의 반대말은 단순함이 아니고, 단순함의 동의어가 소박함이 결코 아니라는 것을 스타일링으로 증명해 드레스의 인기가 급상승한 예도 있다. 곧장 유사품이 쏟아져 나왔던 프티 베일petit veil과, 실물을 본 이들이 모두 눈을 빛냈던 독특한 (사진으로 다 표현이 안 되는) 소재의 이 드레스는 많은 신부에게 간결함이 주는 세련된 아름다움을 어필하며 크게 사랑받았다.

현대적 아름다움을 더하고자 스타일링해본 흰색의 커프스cuffs 소품은 내 옷장에서 천덕꾸러기 취급을 받던 소장품이다. 저런 걸 어디에 쓰나 싶은 무용한 물건들에 대체로 아름다운 것이 많다. 한심할 실용주의

자들은 절대로 이해하지 못할 짜릿한 쇼핑 재미다. 소장하고 있다 보니 이렇게 딱 맞춤으로 어울리는 용도를 찾지 않았겠나. 그래서 나는 오늘도 무용하고 아름다운 것들에 기꺼이 지갑을 연다.

쇼를 기획할 때 내가 좌우명처럼 늘 되새기는 세 가지 덕목이 있다. Something New(새로운 것), Something Different(다른 것), Something Special(특별한 것). 취사선택이 어려울 때 이 세 가지를 대입해보면 답을 내기가 좀 쉬워진다. 매출을 올리는 일보다 도전적인 일에 몰두하는 나를 못마땅해하는 남편에게 잔소리를 들어야 하지만, 애석하게도 돈 버는 유전인자는 타고나지 못한 것 같다.

많은 이의 주목을 받았던 이 프렌치 시크 스타일은 스스로 생각해도 좀 대견한 스타일링이다. 드레스가 아니라 미니멀한 크롭톱crop top과 호리호리한 스커트의 단품들 조합이었던 이 스타일은 한국의 신부들이 감당하기엔 지나치게 패셔너블했다. 어차피 쉽지 않은 스타일이라면 본래의 이미지를 중화하기보다는 차라리 극대화하는 편이 낫다. 그래서 선택된 패션 액세서리는 베레모. 패셔너블하되 최종적으로는 신부의 아이덴티티가 느껴지도록 프렌치넷 블러셔를 베레모에 조합했는데 썩 괜찮았다. 사진에서는 잘 보이지 않지만 크고 작은 진주알을 베레에 수놓아 섬세함을 더한 이 소품은 따로 주문을 문의하는 연락이 꽤 오기도 했다. 제작 효율이 몹시 떨어지고 원가가 높은 아이템이라 판매할 순 없었지만 뿌듯함은 남았다. 큼지막한 진주 한 알이 포인트로 콕 박힌 심플한 초커* 역시 나의 개인 소장품이었는데, 화이트 베레와 단짝처럼 보여 주저 없이 모델의 목에 둘러주었다. 역시 아름다운 것들은 지니고 있다 보면 언제고 똑떨어지는 제 쓰임새를 찾게 된다.

가끔은 하나의 룩에서 할 말이 넘쳐나기도 하는데, 왼쪽 사진의 스타일링이 그랬다. 전하고자 의도한 메시지가 많았다는 뜻이다.

대다수의 신부들뿐 아니라 웨딩플래너들도 프리웨딩 촬영을 위한 드레스라고 여길 경험적 선입견에서 벗어나고 싶었다. 어쩌면 '웨딩드레스=화이트 드레스'여야만 한다는 고정관념을 부수고 싶었는지도 모르겠다. 블랙 앤 화이트의 꽃송이가 자카드 직조로 짜인 드레스에 블랙 레이스가 둘러진 베일과 버건디 계열의 꽃 묶음으로 만든 강렬한 부케를 매치하니 기괴하지만 아름다운 고딕풍의 신부가 연상되기도 했다. 이런 신부와 함께 모두 흰색의 드레스 코드로 차려입은 하객들이 모인 그런 결혼식을 기획하는 날도 언젠가 내게 오리라는 굳건한 믿음이 있는 나는 아무도 못 말릴 룰 브레이커rule breaker다.

행사 시작 직전까지도 뭔가 더 연구하고 애써야 할 것만 같은 강박에 시달리지만, 그럼에도 미처 다하지 못한 최선이 남아 있는 것만 같아 늘 부족한 느낌을 지울 수 없다. 잘된 것보다 뜻대로 되지 않은 것들이 눈에 밟혀 매번 가슴을 쥐어뜯는 우매함의 반복이다. 얼마나 더 시간들이 쌓여야 아쉬움 없이 후련하게 행사를 마칠 수 있으려는지.

홍보 대행사나 이벤트 외주 업체를 쓰면 일이 한결 쉬워지겠으나, 직원들과 한마음이 되어 준비하는 과정 또한 훌륭한 학습의 기회라 생각해서 늘 고행을 이고 지길 자처한다. 그래도 스타일리스트, 프로듀서, 마케터, 커뮤니케이터, 잡역부에 이르는 1인 5역은 아무래도 무리인 듯싶다. 그럼에도 불구하고 나는 또 메시지가 담긴 스타일링에 천착할 것이 뻔하다. 내가 암호처럼 숨겨놓은 메시지들을 보는 이들이 멋지게 해독해주기를 간절히 바라면서.

1840년 결혼식 때 입은 빅토리아 여왕의 웨딩드레스(좌)와 프랑스 패션 잡지 「Journal des Demoiselles」 1868년 4월호에 실린 화이트 드레스를 입은 신부(우)

Black is
New Pink!

우리가 의심 없이 답습하고 있는 견고한 고정관념인 '순백의 웨딩드레스'는 언제 시작된 걸까. 사실 이 화이트 웨딩드레스의 역사는 그리 길지 않다.

복식사에서 기원을 찾아 거슬러 올라가면 로마제국 시대에 가닿는다. 기독교가 보급된 유럽에서는 결혼식이 교회에서 행해졌고, 왕족이나 귀족 신부가 혼인을 위한 예복으로 차려입은 의상이 웨딩드레스의 시작일 것이라 유추된다. 중세에는 종교 의식에 따라 검은 드레스와 흰색 베일이 사용되었으나, 16세기 이후 영국과 프랑스 등 유럽에서 흰옷을 입는 풍습이 생겼다는데 그 이유가 어처구니없다. 순결하지 못한 신부가 하얀 드레스를 입으면 그 색이 변한다는 비이성적인 믿음이 만연해, 신부의 순결을 강조하고 그 사실을 증명하기 위해서란다. 이런 노골적인 처녀성 공개 여부에 대해선 그 당시에조차 논란이 있었음에도 불구하고 무려 약 150년간이나 계속되었다고 하니 분기탱천할 노릇이다.

표백 기술이 부족하던 먼 옛날이었으니 그 당시 흰옷은 고가였을 테고, 그러므로 흰옷을 입는 것은 부와 권력의 상징이었을 것이다. 먹고살기 바쁜 서민 계급에서는 다양한 색상의 웨딩드레스가 공존할 수밖엔 없었을 것. 그러나 인생에서 한 번뿐인 이벤트라는 특수성 때문에 귀족 계급이 아닌 평민층의 여염집 여인들도 웨딩드레스에서만큼은 한 번쯤 사치를 부려보고 싶었을 것이 분명하다. 그리하여 1840년에 빅토리아 여왕이 화이트 새틴에 오렌지 꽃으로 장식된 웨딩드레스를 입은 이후 흰색은 웨딩드레스의 상징으로 자리를 잡게 되었으며 1868년 프랑스 패션 잡지 「주르날 데 드모아젤Journal des Demoiselles」에 최초로 화이트 웨딩드레스와 베일을 착용한 이미지가 실리면서 현대적 웨딩드레스의 기본 스타일이 제시되었다고 한다. 지구상에 존재하는 모든 문화권에는 저마다 고유의 전통 혼례 복식이 있지만, 서양 문화의 확산과 득세로 흰색의 웨딩드레스가 현재는 국경과 신분을 초월해 보편화되어 있다. 우리도 활옷과 원삼 같은 아름다운 혼례복이 존재하나 이런 전통혼례를 볼 기회는 이제 무척 드문 일이 되었다. 본래 우리 문화에서 흰색은 상복이었음에도 불구하고 말이다.

1964년에 결혼한 나의 엄마에게도 순백의 웨딩드레스는 꿈의 날개였다고 했다. 사진에서 보는 것처럼, 하얀 실크 공단에 불란서(佛蘭西) 망사 레이스가 덧대진 이 드레스를 명동의 양장점에서 맞춘 후 두근거림에 잠을 못 이루던 그해, 바다 건너 미국 땅에선 엘리자베스 테일러가 리처드 버튼과의 결혼식에서 카나리아 옐로 드레스를 입었다. 무려 여덟 번의 결혼 이력이 있는 그녀가 화이트 웨딩드레스를 입은 건 딱 두 번뿐이란다. 물론 그녀에겐 첫 번째 결혼식이 아니기 때문이기도 했겠으나, 20세기 후반의 신부들 사이에선 웨딩드레스 = 화이트라는 완강한 상징을 도발하는 시도들이 왕왕 목격되었다.

영화 「어바웃 타임」 속 결혼식 장면에서 주인공은 새빨간 웨딩드레스의 신부로 등장한다. 시간 여행자의 아내가 되는 평범하지 않은 캐릭터에 걸맞게 그녀는 휘몰아치는 폭풍우 속에서 타오르듯 강렬한 존재감으로 관객들의 시선을 사로잡았고, 한국에서도 언젠가 꼭 한 번은 화이트가 아닌 다른 색상의 웨딩드레스를 입을 신부를 만나 기똥차게 스타일링 해보고 싶다는 포부를 내게 심어주었다.

새로운 스타일링에 대한 자극은 영화나 미드 속에서 만나는 신부 캐릭터에서뿐 아니라 신성 디자이너들이 발표하는 컬렉션에서 만난 궁극의 드레스에서도 짜릿한 전율로 이어진다.

특유의 조형적 아름다움과 건축적 드레이핑*에 매료되어 오랫동안 팬심을 유지해오던 호주 디자이너의 컬렉션을 마침내 유치해 국내에 소개했던 경우도 그랬다. 연약한 화이트가 아니라 구조적이고 아방가르드한 그의 화이트 브라이덜 컬렉션도 아름다웠지만, 정작 내가 마음을 홀라당 뺏긴 건 그의 블랙 드레스였다. 나는 이 드레스를 레드카펫에 설 여배우나 뷰티 제품의 지면광고 모델이 아니라 신부에게 입혀보고 싶어 안달이 났다. 주변의 모든 빛을 흡수해 빨아들이는 강력한 컬러인 카리스마 넘치는 블랙을, 창백한 핑크색이나 살구색이 주는 솜사탕 같은 달콤함 대신 에스프레소처럼 진한 여운이 남는 피로연 룩으로 제안해보고 싶었다. 특히 늦은 오후의 결혼식 후 밤의 피로연에서.

입어줄 대상을 찾는 일이 쉽지 않을 게 뻔했다. 신부에게 선택을 받았더라도 부모의 승인이 떨어질 확률은 낮다. 딸이 신부가 되는 순간 왕세자비의 웨딩드레스 스타일을 찾아 나서고 엄마가 못다 이룬 공주의 꿈을 딸에게 투영하는 대다수 한국의 엄마들 앞에 새카만 드레스를 꺼내놓는 건 한복 입고 머리를 풀자는 제안만큼이나 당혹스러운 상황인 것이다. 그나마 예식 자체가 아니고 피로연에서라지만, 핑크나 살구색 드레스를 입은 딸이 상큼한 모습으로 재입장해 하객들의 테이블을 돌며 참하게 인사를 드리는 모습을 상상했을 엄마들에게 도도한 여배우 같은 블랙 드레스 차림은 생경할 수밖엔 없다.

하지만 결국, 때를 기다리던 내게 그녀가 와주었다. 2018년에 만난 그녀는 말갛고 단아한 얼굴에 차가운 도시 여자의 이미지가 담겨 있었고, 꾸준한 운동과 철저한 자기 관리의 결과로 얻어진 건강한 몸매의 소유자였다. 내가 뉴욕 출장에서 드레스를 주문할 때면 모델의 얼굴을 손바닥으로 가리고 그 자리에 한국 신부의 얼굴을 상상으로 그려 넣어보곤하는데, 그때의 내 상상 속 뮤즈가 그녀로 실체화되어 내 눈앞에 나타나준 느낌이었다. 어떤 드레스를 입어도 자신의 옷으로 소화해내는 이상적인 아름다움의 그녀에게 나는 이 블랙 드레스를 제발 좀 입어달라며 애원했다. 그리고 서로가 서로를 돋보이게 하도록 신랑에게는 화이트 디너 재킷dinner jacket으로 갈아입는 피로연 룩을 제안했다. 주저하는 그들이 확신을 갖도록 들이댄 근거 자료는 영화배우 브래드 피트와 안젤리나 졸리의 커플룩이었다.

그녀의 의상이 소셜 네트워크 계정에서 회자되자 블랙 드레스를 시도해보려는 신부들의 움직임이 조금씩 감지되기 시작했다. 신바람이 나부쩍 사랑에 빠져버린 일군의 블랙 드레스를 스타일링 쇼를 통해 선보이며 카리스마 넘치는 블랙 컬러의 매력을 더욱 적극적으로 제안했다. 그즈음 내 소셜 네트워크 계정의 해시태그는 BLACK is my new PINK! 카리스마 넘치는 블랙은 그 자체만으로도 아우라를 뿜어내니, 헤어스타일은 최대한 정갈하게 연출하고 액세서리를 최소화하는 것이 좋다. 좌우 비대칭의 구조적인 드레이핑이 돋보이는 이 드레스에는 좌우 길이가 다른 날렵한 이어링을 매치해 조형적 아름다움을 강조했다.

완고한 성벽처럼 단단했던 블랙 컬러에 대한 고정관념은 이후 점차 허물어지기 시작해, 이 극단적인 컬러에 호감을 보이는 신부 고객이 더욱 많아졌다. 다른 드레스 숍들에서도 블랙 드레스를 구비하기 시작하며 컬러 스펙트럼이 넓어지고 있는 것이 느껴진다. 피로연 룩으로는 용기를 내지 못하더라도 최소한 프리웨딩 촬영에서 한 번쯤 시도해보길 원하는 뉴룩으로 관심몰이 중이다.

검은 웨딩드레스에 실버 그레이 컬러의 베일을 더하고 플라밍고 핑크색 꽃다발을 손에 쥐여줄 신부를 만나는 내 엉뚱한 상상은 오늘도 계속된다. 경계를 허무는 고정관념 파괴자이자 새로운 트렌드를 안착시키는 개척자 역할을 동시에 해내고픈 욕망은 나를 채찍질하는 원동력이다.

금기를 깨는 시도와 낯선 아름다움이 주는 유혹은 언제나 그렇게 강렬하다.

발 연기라도 좋은
퍼스트룩의 순간

코로나 위기에서 보여준 한국의 기민한 대처와 안전한 시스템, 그리고 시스템의 구축부터 구동까지 걸리는 초단기 적응 시간에 전 세계가 놀랐다. 우리가 선진국이라 믿었던 나라들조차 생필품 사재기 난리통을 겪는 와중에도 우리는 품위를 유지하며 미동조차 하지 않았다. 우리의 시민의식이 그들보다 특별히 더 뛰어나서라고는 생각하지 않는다. 그보다는 손가락으로 클릭만 하면 내가 잠든 사이 문 앞까지 대령해주는 로켓배송과 샛별배송이 일상인 환경에서 살고 있었던 이유가 더 클 것이다. 우리가 누구이던가. 코리안 아줌마는 버스보다 빠르며 낙오되지 않기 위해 모두가 속도 경쟁에 열을 올리는 우리는 자타공인 초스피드의 민족이다.

한국의 웨딩 산업과 그 시스템도 속도의 경쟁력을 갖추고 있긴 마찬가지다. 짧게 잡아도 8개월, 대개는 1년 전에 웨딩 준비를 시작하는 서양에 비해 우리는 고작 2~3개월 전에 결혼식 준비를 시작해도 무리 없이 술술 진척된다. 겨우 한 달여를 앞두고 번갯불에 콩 볶듯 부랴부랴 준비하는 경우도 더러 보았다. 괄목할 만한 점은 완성도에 차이가 거의 없다는 점이다. 당사자들이 조금 피곤할 뿐.

아무리 빠듯한 일정이라도 대한민국의 서비스 산업 토양에서 불가능이란 싹은 애초에 없다. 결혼식을 고작 한 주 앞두고 해외에서 귀국한 신부의 웨딩룩을 준비했던 경험도 있다. 심지어 그 일주일 동안 한복도 대여하고 프리웨딩 촬영도 했으니 불과 일주일 만에 남들 하는 걸 다 해냈다. 대충 해치웠을 테니 완성도가 떨어질 거라는 우려는 접어두시라. 속도와 완성도, 거기에 고객만족까지 탑재된 대한민국의 서비스 산업에서 웨딩 분야는 발군이다.

외국과는 달리 한국에는 결혼식만을 위해 마련된 소위 웨딩홀이라는 공간이 존재한다. 웨딩홀이건 호텔이건 결혼식장이 정해지면 하객들을 대접할 음식도 결혼식장에서 제공하는 사양으로 자동 해결된다. 예식을 진행해줄 예도 도우미는 물론, 식장을 꾸밀 플로리스트와 데커레이터도 상시 대기다. 주차 시설과 음향 장비가 완비되어 있고 방명록과 축의금 봉투 같은 자잘한 혼구 용품을 따로 챙길 필요도 없다. 결혼식을 올리기 위해 필요한 모든 요소들이 잘 짜인 공정으로 알아서 착착 돌아가는 시스템이 갖추어져 있으니 그 시스템에 올라타기만 하면 된다.

이른바 웨딩의 거리처럼 조성된 청담동 일대에 포진해 있는 미용실들은 결혼 준비의 효율을 높이는 데 일조한 편리한 시스템 중의 하나다. 따로 메이크업 아티스트와 헤어 스타일리스트를 식장이나 신부가 머무는 숙소로 출장을 청해 메이크업을 받는 서양과 달리, 청담동 일대의 미용실들은 주말이 되면 신부를 생산하느라 바쁘게 가동된다. 편의상 신랑 신부를 묶음으로 함께 진행하는 한국의 웨딩 뷰티 시스템은 그 편리함의 이면에 다소 아쉬운 점이 한 가지 있다. 신랑과 신부가 같은 미용실을 이용하다 보니, 가장 두근거릴 결혼식 당일 아침에 서로의 민낯을 봐야 하고 변신의 과정을 모두 지켜볼 수밖에 없는 것. 결혼식이 몰리는 봄 가을의 토요일과 일 년에 몇 안 되는 길일이 겹치기라도 하면 현장은 더욱 북새통을 이룬다.

여러 신부들과 신랑들 틈바구니에서 각자의 짝을 찾아 미용실을 빠져나올 때, 화장을 마치고 드레스를 입은 신부의 모습에 신랑이 감동할 여유 따윈 없다. 신랑 신부를 태우기 위해 대기하는 차량들로 북적이는 골목을 어서 빠져나가야 하니, 대체로 신랑은 주렁주렁 짐을 든 영락없는 짐꾼으로 전락하기 일쑤다. 감동은커녕 이미 너무나 현실 부부 같은 모습이다.

영화나 미드 혹은 소셜 네크워크의 둘러보기에서 가끔 볼 수 있는, 신부가 식장에 들어서는 순간 신부의 아름다운 모습에 감동의 눈물을 훔치는 신랑의 모습을 우리 주변에서 잘 볼 수 없는 까닭이 여기에 있다.

드레스 투어부터 신랑을 동행시켜 모든 드레스의 피팅 과정을 지켜보게 하는 우리와는 달리, 서양에서는 결혼 전까지 웨딩드레스를 입은 신부의 모습을 절대 공개하지 않는다. 신랑이 결혼식 전에 신부의 웨딩드레스 차림을 봐버리면 불운이 닥친다는 강력한 미신이 있기 때문이다.

그러므로 우리처럼 약혼자가 동행해 예비 신부가 입어보는 드레스들마다 촌철살인의 품평을 하는 경우는 거의 볼 수 없다. 본인이 원하는 대답을 듣기 위해 어떠냐고 묻는 신부의 기대 찬 표정과 달리 무감하게 대꾸하는 신랑의 모습으로 좌중이 당황할 상황도 없다.

사전 체험과 학습이 불가능한 웨딩드레스라는 특수 아이템의 쇼핑에 예비 신부들이 확신을 갖기 어려워하는 것은 당연하다. 여러 주변인들─특히 배우자가 될 예비 신랑─을 참관시켜 본인의 선택이 실패할 확률을 줄이고픈 신부들의 마음이야 이해하고도 남는다. 그러나 애정으로 포장된 친구들의 과한 간섭과 웨딩드레스 상식에 해박하지 못한 신랑의 의견까지 모두 수렴하려다 보면 항로를 벗어난 배가 산으로 올라가는 경우가 다반사다. 예닐곱 명이나 되는 갤러리들이 우르르 무더기로 몰려와 저마다 각자의 취향으로 신부의 드레스 차림을 품평할 때, 올곧아야 할 신부의 주관은 방향을 잃기 일쑤다. 심한 경우 사이가 어색해지거나 오랜 우정(이라 믿었던 관계)에 금이 가 절교의 계기가 되는 경우도 보았다. 직언이라는 가면이 씌워진 뾰족한 말본새로 주인공의 마음에 생채기를 냈기 때문이다.

신랑 신부로 분한 서로의 모습에 대해 설렘과 신비감을 증폭해줄 수 있는 로맨틱한 장치라는 점에서, 신부의 드레스 차림을 신랑이 미리 보는 것을 금기시하는 서양인들의 터부를 나는 극렬히 옹호한다. 머릿속에서 상상으로 그려보던 가장 아름다운 모습으로 신부가 눈앞에 나타났을때, 내 여자 친구가 이토록 아름다웠나 하는 감동 가득한 표정을 짓는 신랑의 모습은 그 어떤 유명 포토그래퍼도 만들어내지 못하는 진실의 순간이니 말이다.

오랜 외국 생활로 서양의 결혼식 문화와 전통에 익숙했던 그녀는 자신의 드레스 피팅에 단 한 번도 신랑을 동행시키지 않았다. 어머니와 여동생의 동행하에 전문가의 조언과 자신의 직관을 믿고 결혼식 날을 위해 골라둔 그 한 벌의 드레스를 신랑에겐 철저히 비밀에 부쳤다. 이윽고 예식 당일, 드레스를 입은 신부를 미리 보지 않는 서양의 관례대로 신랑은 예식 전까지 신부와 마주치지 않도록 조심하면서 각자의 공간에서 환복을 마쳤다. 신랑에게뿐 아니라 손님들의 눈에 미리 띄지 않도록 하는 것도, 신부 대기실에 꽃송이처럼 앉아 있는 신부를 결혼식 전에 모든 하객에게 공개하는 우리의 문화와는 사뭇 다르다.

서양의 웨딩 문화에 익숙한 신부를 위해 내가 일정표에 따로 할애한 프로그램은 '퍼스트룩First-Look' 촬영이었다. 퍼스트룩이란 신부가 결혼식의 꽃길을 걸어 들어올 때까지는 두 사람이 서로 보지 않는다는 오랜 전통을 살짝 비틀어 예식 직전 잠깐 동안 둘만의 오붓한 시간을 갖게 해주는 배려다. 단장을 마친 신부를 신랑이 처음 마주하게 될 이 순간을 사진으로 담아내 간직하게 해주고 싶은 마음이 드는 것은 당연하다.

나는 신랑을 신부가 머무는 객실동으로 마중 나오도록 안내한 다음 신부가 내려올 계단을 등지고 뒤돌아서서 신부를 기다리도록 했다. 나의 역할은 여기까지다. 신랑을 향해 살금살금 발걸음을 내딛는 신부의 빛나는 눈동자와, 첫사랑에 빠진 소년처럼 풋풋한 설렘을 숨기지 못하는 신랑의 표정을 카메라는 덤덤히 기록할 뿐이다. 다른 연출이나 포즈 요구 없이도 달큰한 공기가 사방에 퍼진다. 살포시 다가간 신부가 신랑을

돌려세우는 순간, 신랑의 얼굴 가득 감동의 표정이 번졌고 그런 신랑을 보는 신부의 얼굴도 환하게 피어나니 드레스업 한 신부를 꽁꽁 숨겨두는 이유는 바로 이런 것이다.

편의상 같은 미용실을 이용하고 한 차로 식장으로 이동하는 경우가 대부분인 한국에서도 퍼스트룩의 감동을 간직하려는 커플들의 바람을 이따금 만나게 되었다. 프리웨딩 촬영을 했으니 서로의 드레스업 모습을 이미 충분히 봐버렸겠지만, 혼인서약을 위해 꽃길을 걸어 들어갈 결혼식 날의 두근거림은 사진 촬영과는 별개의 차원이다. 숙고 끝에 내놓은 그녀들의 절충안은 결혼식 드레스 대신 다른 드레스를 입고 예식장으로 출발하는 것이다. 특히 웨딩드레스가 자동차 뒷좌석이 가득 찰 만한 거대한 볼륨의 스타일일 경우, 미용실에서 결혼식장까지 이동하는 동안 좀 더 홀가분한 드레스를 입는다면 몸을 압박하는 드레스의 부피 문제도 해소할 수 있으니 일석이조다.

이 두 가지 목적을 자신만의 스타일로 멋지게 실현한 신부가 있었다. 웨딩드레스를 입고 베일을 드리운 완벽한 신부의 모습을 결혼식 직전에 신랑에게 보여주는 것은 그녀의 오랜 로망이라고 했다. 예식 전에 입을 여벌의 드레스를 준비하는 야무진 모습을 그냥 지나칠 수 없었다. 어차피 결혼식장에 포토그래퍼가 도착해 있을 테니 다시 없을 퍼스트룩의 순간을 사진으로 기록해놓자는 제안을 조심스레 건넸다. 아이디어의 성공적인 결과를 담보해야 하니 결혼식 직전의 촬영과 연출을 지휘할 현장 코디네이터는 응당 내 역할이 되어야 마땅했다.

퍼스트룩을 위해 미용실에서 여벌의 드레스를 입고 출발한 그녀의 계획은, 하필 뇌우를 동반했던 결혼식 날의 거친 날씨에 아주 탁월한 선택이 되었다. 사방에서 뿌리는 비를 우산 하나로 막기엔 역부족이었던 고약한 기상 조건에서 잔뜩 부푼 웨딩드레스를 자동차 뒷좌석에 욱여넣느라 씨름하지 않아도 되어 좋았다.

결혼식장에 도착하는 모습을 스케치하듯 담는 의례적인 촬영을 서둘러 마치고 웨딩드레스로 갈아입는 그녀를 도왔다. 신랑이 들에서 꺾어 온 꽃으로 꽃다발을 만들어 신부에게 건네며 구혼했던 것에서 부케가 유래했으니, 뒤돌아선 신랑의 손에 부케를 쥐여주고 신부를 기다리도록 유도하며 자연스러운 촬영이 이뤄지도록 상황을 설정했다. 나는 이 과정을 달콤한 디저트를 맛있게 구워내기 위해 적당한 온도로 오븐을 예열하는 준비 작업에 비유하곤 한다.

신부가 사뿐사뿐 계단을 내려와 나지막이 신랑을 부르고 그 부름에 슬로모션으로 돌아선 신랑이 신부에게 마중 걸음으로 다가가 부케를 헌정했다. 이 모든 로맨틱한 순간은 고스란히 사진으로 박제되었고 그녀의 오랜 로망은 이뤄졌다.

뭐 그렇게까지 유난을 떠느냐는 시선도 있을 것이다. 그러나 인생에서 다시 오지 않을 찰나의 순간을 마음껏 누려보겠노라는 사랑스러운 의지를 함부로 폄하하지 말아주길 부탁하고 싶다. 반복되는 일상과 육아에 찌들어 감동에 둔감해지면 서로의 모습에 가슴이 두근거릴 기회는 점점 더 희박해질 것이다. 누릴 수 있을 때 마음껏 만끽하라 응원하고 싶고 기꺼이 투자하라 독려하고 싶다.

빠른 시스템과 실용성의 잣대로만 모든것을 재단한다면 다른 가치를 발견하기 어렵다. 남들과 다른 특별한 무언가를 경험하고 싶은가? 그런 것들은 대개 가성비라는 울타리 너머에 존재한다.

4

신부들과
인연을
맺.다.

가봉 스냅 시조새는
제니 여사님

2008년 12월 그리고 2009년 1월, 서울, 한국

디지털 기기들의 보급으로 종이 청첩장보다 화사한 사진을 첨부해 보는 즐거움을 더한 모바일 청첩장이 어느덧 일반화되었다. 변화에 발맞추다 보니 결혼식장의 포토 테이블을 장식할 사진들뿐 아니라 이 모바일 청첩장을 위해서라도 프리웨딩 촬영이 예비부부들의 결혼 준비에서 빠질 수 없는 항목이 되었다. 각양각색의 화려한 드레스 자태를 뽐내며 실내외 공간을 두루 갖춘 스튜디오에서 온종일 촬영하는 규모부터, 국내에서 가장 이국적인 풍광이 배경에 담길 제주도 야외 촬영, 심플한 원피스 차림으로 간단하게 끝내는 데이트 스냅에 이르기까지 저마다의 상황에 맞추어 다른 형식을 취할 뿐이다.

여기에 몇 년 전 유행하기 시작해 현재 활발히 진행형인, 좀 특이한 촬영 형식이 한 가지 더 있다. 스튜디오에서의 촬영을 위해 따로 시간을 내어 하루를 온전히 비우기 어려운 상황이거나 비용의 부담, 혹은 카메라 울렁증이 심해 하루 종일 이어질 촬영에 진 빼고 싶지 않은 커플들을 위한 대안으로 '가봉 스냅'이라는 신조어의 프리웨딩 촬영이 유행 중이다. 결혼식에서 입을 가장 아름다운 드레스를 선택하기 위해 후보군의 드레스들을 입어보며 'the dress'를 선택하는 과정을 자연스러운 스냅 촬영으로 남기는 것이 애초의 의도였다. '가봉 스냅'이라는 단어의 의미 그대로, 본인의 몸에 맞도록 수선하기 위해 가봉 핀을 꽂으며 살펴보는 피팅의 과정을 기록하는 촬영이 그 시작이었다.

다음 페이지의 사진 속 신부는 외국 신부들의 관습대로 본인의 드레스

를 주문한 고객이었다. 자신의 이름이 적힌 가먼드 백*을 오픈하는 것부터 사이즈가 잘 맞는지 피팅해보는 과정을 사진 기록으로 남긴, 말 그대로 '가봉 스냅'다운 가봉 스냅 촬영을 한 유일무이한 고객이었다.

본래의 의미가 이러했지만 현재는 진화와 변질을 거쳐 처음의 의도와는 사뭇 다른 형태의 상품으로 자리 잡았다. 결혼식에 입을 드레스와는 무관한 스펙터클한 드레스를 서너 벌씩 갈아입으며 스튜디오 촬영 못지않게 다양한 설정과 포즈로 드레스 숍 구석구석을 누빈다. 사진 촬영을 전문으로 하는 스튜디오가 아님에도 불구하고 드레스 숍의 가구를 이리저리 옮기는 일은 다반사이며 희고 섬세한 옷을 다루는 업장의 특성이 무시된 채 반려견을 동반하고 싶다는 신부들의 요청도 가끔 있다. 그냥 스튜디오 촬영의 축소판인 셈이다(심지어 배달음식을 시켜도 되느냐는 이도 있었다!).

스튜디오가 아닌 드레스 숍의 입장에서는 그다지 달가울 리 없는 이 가봉 스냅은 고백하건대 나로부터 시작되었다. 아니, 내가 창업해 숍을 막 오픈한 2008년 12월에 나를 찾아온 그녀로부터 비롯되었다.

〈비욘드 더 드레스〉의 오픈 소식이 뉴스 꼭지에 자그맣게 실린 패션 잡지를 보고 날 찾아 방문한 그녀는 오십대 후반의 우아한 중년 여성이었다. 내가 만나는 신부 고객의 엄마들 중에서 종종 신부보다 더 날씬한 몸매와 맵시 있는 스타일로 나를 놀라게 하는 분이 더러 있다. 우아하고 세련된 차림으로 숍에 방문한 그분과 처음 마주했을 때 나는 으레 그렇듯 딸의 혼사를 앞둔 어머니라고 덜컥 짐작해버렸다.

그런데 동행인 없이 혼자 방문한 그녀가 내게 상담을 청한 내용은, 오픈 초기라 다양한 경험을 하기 이전이었던 당시의 내게 무척이나 뜻밖의 요청이었다. 수줍은 미소와 함께 본인을 '제니'라 편하게 불러달라던 그분은 오랜 미국 이민 생활을 정리하고 노후를 보내기 위해 고국으로 돌아왔다고 자신을 소개했다. 고된 정착의 역사가 시작된 30여 년 전 이민 초기에 경제적·시간적 여유가 없어 LA의 작은 교회에서 성경에 손을 없고 혼인서약을 한 것이 결혼식의 전부라는 개인사를 스스럼없이 내게 들려주었다. 지난 30년을 한결같은 믿음과 사랑으로 해로한 부군과 결혼 30주년 기념 촬영을 하고 싶은데 그 기획을 맡아달라는 요청이었다. 조건은 하나, 웨딩 촬영 전문 스튜디오들의 비슷비슷한 세트 스타일과 뻔한 사진을 원치 않으니 부티크 호텔의 프라이빗한 라운지처럼 꾸며진 〈비욘드 더 드레스〉 숍에서의 촬영을 기획해달라는 것(2008년 11월 오픈 당시엔 꽤 괜찮은 인테리어 콘셉트였다. 지금은 실내 장식에 훨씬 더 대단한 투자를 한 멋진 곳이 많이 생겼지만…).

숍 오픈 직후 두 번째 고객이었던 그녀가 비록 신부는 아니었지만, 나는 이 특별한 미션을 거절할 수 없었다. 그녀의 마음속에 두고두고 아쉬움으로 남은 30년 전으로 시간을 되돌려, 웨딩드레스를 입은 아름다운 신부의 모습으로 다시 한번 혼인서약을 할 수 있도록 돕고 싶었다.

당장 사진작가 섭외에 착수했다. 주인공이 신부가 아니라 50대 후반의 중년이라는 것과, 드레스 숍에서 30년 전의 혼인서약을 재현해보겠다는 촬영 콘셉트를 가지고 웨딩 촬영 전문 스튜디오의 포토그래퍼를 섭외하기란 쉽지 않았다. 세월을 품위 있게 겪어낸 제니 여사님의 고운 얼굴이 돋보일 헤어스타일의 시안을 찾고, 우아하고 자연스러운 사진을 위한 촬영 시안들을 골라냈다.

그녀의 선택은 머메이드 라인*의 심플한 실크 드레스였는데, 50대 후반이라고는 도저히 믿기지 않는 아름다운 실루엣을 강조하며 우아함을 표현하기에 더할 나위 없었다. 그녀의 관점에서는 아메리칸 클래식이기도 했고.

기품을 더하기 위해 주얼리 디자이너 친구로부터 진주와 다이아몬드가 박힌 티아라도 빌려왔다. 나는 그녀에게 진심이었고 진지했다. 내가 맡은 이 역할이 숭고하게 느껴지기까지 했다.

그때로부터 또 12년의 시간이 흐른 지금 보아도 여전히 아름다운 이분들의 자태는 놀랍게도 리터치를 하지 않은 원본 그대로의 사진이다. 그레이 헤어가 은은하게 빛을 발하며 고요한 인품이 느껴지던 부군의 모습에서 한 가지 더 깨달은 바가 있었다. 조지 클루니만큼이나 턱시도가 잘 어울리려면 인생의 깊이와 그레이 헤어가 필요하다는 것을.

촬영을 위해 부군께서 직접 준비해 온 성경책은 타임머신을 타고 30년 전으로 돌아가는 데 꼭 필요한 장치였고 이 촬영의 가장 중요한 소품이었다. 30년 전 LA의 교회에서 서로 포개진 두 사람의 손을 받쳐주며 준엄한 혼인서약의 증표가 되었던 바로 그 성경책이다.

20대 못지않은 아름다운 긴장감과 설렘의 눈빛으로 30년 전의 기억을 소환해 그 순간을 재현하던 찰나, 옛 생각에 감정이 북받친 제니 여사님의 눈에 눈물이 그렁그렁 맺혔다. 나를 포함, 현장에 있던 모든 이들이 숙연해져서 함께 눈가가 뜨거웠던 기억이 이 사진을 통해 아직도 생생하게 되살아난다. 아… 결혼 30주년을 이렇게 회고하다니, 이 얼마나 아름답고 감격스러운가.

슬하의 자녀 3남매는 모두 미국에 거주 중이라, 제니 여사님의 이 기념 촬영 프로젝트는 두 분만의 비밀 이벤트였다. 앨범이 완성되면 미국의 자녀들에게 보내 깜짝 놀라게 해줄 거라며 소녀처럼 들떠 있던 여사님은 20대의 신부와 다를 바 없었다.

이후 수많은 신부를 고객으로 맞아 별의별 다양한 웨딩 촬영을 기획했지만, 그때 이 두 분의 촬영처럼 마음이 울리는 감동을 느껴본 적은 없었다. 인생의 목표 하나를 추가하는 계기가 되기도 했다. 나도 앞으로의 결혼 생활을 제니 여사님처럼 하리라. 이분처럼 우아하고 고고하게 늙어가리라. 그리하여 결혼 30주년을 맞이하는 날, 여전히 남편 앞에서 사랑스럽고 수줍은 아내의 모습으로 남겠노라 다짐했다.

이 촬영을 통해 달궈졌던 마음이 채 식기 전, 불과 한 달 후 이번엔 제니 여사님과는 여러 면에서 정반대인 고객이 나타났다. 학교를 졸업하고 미국 유학길에 오르기 전에 결혼식을 올리려는 25세의 어린 신랑 신부

커플이었다. 나이와 무관하게 취향이 확고했던 그 멋쟁이 커플은 당시 유행하던 웨딩 촬영 스튜디오들의 규격화된 촬영 샘플을 세차게 거부했다. 신랑과 신부의 얼굴만 따내 고대로 오려다 붙이면 거개가 다 똑같아 보이던 각 잡힌 포즈와 억지 설정의 사진들에 강한 거부 반응을 주저 없이 드러냈다. 해외 잡지에서 보던 자연스러운 표정의 따뜻하고 세련된 사진 촬영을 원했던 그들에게 제니 여사님과의 촬영 사례는 그들이 원하던 바로 그것이었다. 그들도 제니 여사님처럼 그들만의 이야기를 담기 원했고 내 공간과 내 시간이 포함된 특별한 기획을 필요로 했다.

다행히 〈비욘드 더 드레스〉 오픈 초기라 시간 여유가 많을 때였다. 지금처럼 고객들의 방문 예약이 촘촘하게 들어차 있어서 쉼 없이 들고나는 예약 고객들로 시간 할애가 불가능한 시절이 아니었다. 숍을 통째로 대관해 촬영을 진행하는 일이 숍의 영업에 큰 불편을 초래할 상황은 아니었으니, 제니 여사님의 촬영 때와 마찬가지로 스토리 보드를 만들고 포토그래퍼를 섭외해 숍으로 출장 촬영을 의뢰했다. 플로리스트와 함께 숍 내부에 화사한 꽃 장식을 더했고 샴페인을 준비했으며 아끼던 소품들도 모두 꺼내 동원했다.

제니 여사님을 촬영하며 얻은 경험이 더해져 더욱 열정이 끓어올랐던 나는 숍 내부와 중정을 날아다니며 스토리 보드대로 촬영을 진두지휘했다. 2009년 1월이니 지금으로부터 무려 12년 전이지만, 소셜 네트워크 활동이 활발해지며 자연스러움이 더욱 요구된 요즈음 스타일의 사진들과 크게 다르지 않다.

'다름'을 원했던 제니 여사님과 '특별함'을 원했던 멋쟁이 커플에게 내가 화답한 방식은 당시로서는 정말 참신하고 획기적인 발상의 촬영 기획이었다. 지루함을 느꼈던 건 비단 그들뿐이 아니었던 듯, 이 커플의 촬영 사진들이 조금씩 알려지자 다른 커플들에게서도 슬금슬금 요청이 들어오기 시작했지만 〈비욘드 더 드레스〉가 점차 알려지고 고객들의 예약도 들어차기 시작하면서 반나절 이상 숍의 일정을 비워야 하는 이

방식의 촬영을 더는 지속할 수 없었다.

그리하여 대안을 제시했다. 결혼식에서 입을 드레스의 최종 선택을 위해 숍을 방문해 마지막 피팅을 해보는 1시간 30분에서 2시간여의 시간을 활용해 촬영을 허락하는 절충적 형태로 한동안 시장의 요구에 부응했다. 시장에서 수요가 있으면 상품은 소비자의 요구에 맞춰 어떻게든 개발되고 스스로 진화하게 마련이다. 신부의 최종 드레스 선택 일에 숍 대관 비용을 받고 스냅 촬영을 허락하는 것에서 몇 단계를 거친 후, 스튜디오 촬영의 미니 버전이 되며 '가봉 스냅'으로 명명된 이 촬영 상품은 여전히 확산세에 있다.

스튜디오의 더러운 바닥을 쓸고 다니진 않으니 드레스가 더러워지지도 않고, 신부의 몸에 맞게 미리 수선할 필요도 없으므로 드레스 대여 비용이 별도로 책정되어 있지 않다. 신부의 입장에서는 2시간 남짓의 시간에 3~4벌의 드레스를 신속하게 갈아입으며 압축된 촬영을 진행할 수 있으니, 요새 유행하는 말로 꽤나 가심비 높은 상품이 아닌가 싶다. 신부와 웨딩플래너, 포토그래퍼가 업로드하는 SNS 사진들로 인해 이미지가 남발되어 해당 드레스는 금세 식상해지며 수명이 단축되니, '가심비'의 잣대는 신부에게만 유효할 뿐이다.

시간이 흐를수록 파급 효과가 더욱 거세어지자 신생 스튜디오들의 고객 유치를 위한 무료 이벤트 혹은 신생 드레스 숍들이 시장에 안착하기 위한 생존의 몸부림으로 숍의 시간과 장소를 무상 제공하는 출혈 경쟁도 심심찮게 목격된다. 정작 중요한 것이 무엇인지 본질을 호도한 사진 발 잘 받는 인테리어에만 힘주기 바쁜 신생 숍들로 인해, 오래도록 한자리를 고수해온 기존 숍들은 무리한 인테리어 투자로 내몰린다. 내가 아무리 사랑하고 좋아하는 일이라도, 이 일은 내게는 만끽할 취미가 아니고 고단한 생계와 얽혀 있다. 어느 분야를 막론하고 공급 과잉인 한국의 자영업 시장에서 생존이 절실한 나는 애석하게도 가방 쇼핑하듯 크리스털 샹들리에를 바꾸거나 건물을 매입할 능력이 없다.

설령 내게 그런 재력이 주어지더라도, 신부의 아름다움을 최고로 끌어올릴 드레스를 함께 고르고 스타일링에 집중하는 공간에서 동시에 다른 커플이 분주하게 촬영을 진행하고 있는 산만한 공간을 꾸밀 것 같지는 않다. 지금처럼 한 타임에 한 고객만을 최고로 환대해 집중하는 시스템을 유지하는 한 영원히 재력가가 될 수 없음을 잘 알고 있지만, 가성비만 논해서는 절대 경험할 수 없는 그 너머의 세계가 있다는 걸 믿는다. 그러나, 나의 믿음과 무관하게, 시장의 요구에 발맞춰야 하는 공급자는 언제나 숨이 가쁘다.

샐러드바 아이디어가
파머스 마켓으로

2017년 9월, 애스톤 하우스, 서울, 한국

예비 신부를 고객으로 만나 결혼식을 완성하는 일은 사실 굉장한 강철 멘탈의 장착이 필수 조건이다. 결혼식 준비를 돕는 과정이 마냥 감미로운 것만은 아니어서, 호르몬이 널을 뛰어 날 선 신부들로부터 마음을 다치는 상황들도 꽤 경험하다 보니 어느덧 멘탈에 굳은살이 단단하게 자리 잡게 된다.

여느 신부 고객들도 마찬가지지만, 특히 여배우를 신부 고객으로 맞게 되면 여러 가지 복잡한 상황들이 굴비 두름처럼 줄줄이 엮여 따라오게 마련이다. 연예인으로서의 평소 이미지와 한 여자로 예비 신부가 되었을 때 본인이 갈망하는 모습과의 간극, 조심스럽게 쌓아 올린 여배우의 이미지에 신중한 소속사의 요구, 스타일리스트가 기대하는 대중의 평가, 그리고 여러 이해관계가 얽혀 있는 사람들의 일방적인 훈수들 사이에서 가장 골치가 아픈 건 바로 나다. 그래서 솔직히, 개인적인 팬심이 없다면 연예인의 결혼식 만들기에 그다지 마음이 동하지 않음을 지인들에게 고백하곤 했다. 예전처럼 대중이 연예인의 결혼식에 열광하지도 않으니 마케팅 측면에서도 그다지 매력적이지 않은 것이 사실이다.

복싱으로 시작해 마라톤까지, 하드 코어 스포츠 종목들을 두루 섭렵하며 탄탄한 몸을 가꿔온 건강한 이미지의 배우 이시영을 신부 고객으로 소개받기 위해 성사된 만남은, 사실 거절을 하기 위해 나간 자리였다. 위에 열거한 것과 같은 이유에서다. 그녀의 결혼식 날짜와 같은 날, 공교롭게도 마음이 많이 쓰이는 또 한 명의 중요한 고객이 있었던 이유로 더더욱 고사하고 싶었다. 아무래도 같은 날 두 곳으로 같은 양의 에너지를 배분할 자신이 없어서였다.

하지만 그런 내 마음을 돌린 건 "제가 결혼식 날짜를 바꾸면 맡아주실 수 있으실까요?"라며 재차 의사를 타진해온 신부의 이 한마디. 여배우의 후광이 걷힌 세상 소탈한 모습으로 이렇게 말하면 마음이 사르르 녹아내리지 않을 사람이 어디 있을까. 건강하고 수수한 그녀의 평소 이미지와 충돌하지 않으면서도, 모두의 기억 속에 특별하게 남을 웨딩을 디자인해보고 싶었다. 아이디어는 그녀가 자신의 SNS 계정에 올린 샐러드 식단의 사진 한 장에서 시작되었다. 운동 마니아에 채소와 해산물 위주의 건강한 식단을 선호하는 신부와 신랑이 운영하는 샐러드 레스토랑의 느낌, 그리고 오곡백과가 풍성해지는 추석 직전의 결혼식이라는 데서 교집합을 찾기 시작하자 이내 머릿속에 바로 웨딩 콘셉트가 그려졌다. 화려한 꽃 장식 대신 수수한 시골 농장에서 치러지는 결혼식처럼 탐스러운 가을 과일들과 황금 들녘이 연상되는 곡식들로 꾸며보고 싶었다.

머릿속의 생각들이 실제로 구현 가능할지 확인하는 작업이 필요했다. 플로리스트에게 부탁해 구해다 놓은, 금빛으로 잘 마른 밀 다발을 보니 화려하진 않아도 질박한 아름다움이 느껴져 아이디어에 대한 확신을 갖기에 충분했다. 큰 그림에 대한 방향과 기본 콘셉트가 정해졌으니 실행에 옮겨줄 플라워 팀에게 정확한 가이드가 되도록 정리하는 시안 작업이 필요했다.

농장 라이프 스타일을 담은 사진책들과 풍부한 색감을 볼 수 있는 유럽 정물화들이 좋은 참고 자료로 활용되었다.

결혼식 장소는 한강이 내려다보이는 경관의 광장동 〈애스톤 하우스〉였다. 신부와 함께 예식 현장을 둘러보러 방문한 날, 늘 꽉 차 있는 결혼식만 보다가 텅 빈 상태의 공간을 마주하니 어떤 그림들로 채워 넣을지 설레게 하는 깨끗한 새 스케치북처럼 보였다. 익숙함 대신 발상의 전환이 필요한 순간이다.

애스톤 하우스의 결혼식을 위한 배치는 대개 옆 사진과 같은 모습이다. 대개가 아니고 이곳에서의 거의 모든 웨딩이 한강 뷰의 레이아웃으로 설치된다. 외부로부터의 시선이 차단되는 프라이빗한 위치이면서 산도 강도 볼 수 있는 너른 잔디 마당이 훌륭한 공간이지만, 살짝 짧게 느껴지는 아일aisle이 내게는 늘 아쉬웠다. 이날 하루를 위해 신부가 쏟을 정성을 잘 알고 있으니 아름다운 신부의 모습을 하객들에게 천천히 오래 보여주고 싶지 않겠는가. 신부의 입장에서도 배우자와 함께 맞을 인생 2막을 위해 아빠와 함께 걸어 들어갈 이 길이 좀 더 드라마틱하게 이어지며 긴 여운으로 남길 원하지 않겠는가 말이다.

아차산 쪽을 바라보는 조망도 참 좋은데 왜 아무도 시도하지 않았을까, 하는 데 생각이 미쳤다.

아무것도 세팅되어 있지 않아 불현듯 눈에 들어온 파티오는 평소의 결혼식에선 음향 시스템 등의 장비를 두는 뒤 공간으로 활용되어 눈에 띄지 않았다. 이 파티오 방향으로 시선을 돌리니 눈앞에 시원하게 펼쳐지는 아차산 능선의 모습이 기획 의도인 '곡식과 과일을 활용한 파머스 마켓farmer's market' 콘셉트의 웨딩과 자연스럽게 연결되는 느낌이었다. 더위가 물러가고 9월이 찾아와 단풍이 들기 시작하면 더욱 아름다워지겠다는 생각에, 머릿속 전구에 반짝 불이 들어오는 것만 같았다.

확신이 생겼으면 망설이지 말고 밀어붙여야 한다. 신부와 함께 〈애스톤 하우스〉의 플라워 팀과 곧바로 미팅을 가졌다. 아이디어를 실행에 옮겨 현실로 구현해줄 플라워 팀에서도 새로운 콘셉트를 시도하는 작업에 열의를 보이니 아름다운 협업으로 완성시키기만 하면 되겠다는 확신과 함께 진행에 가속이 붙었다. 결혼식을 꾸미는 데 사용할 과일들은 신랑이 운영하는 샐러드 레스토랑의 납품업체에 의뢰해 효율을 높이자고 제안했다. 효율을 위해 여러 사람 들볶는 것 역시 언제나 내가 감당해야 할 악역인 듯하다. 이후 결혼식 날까지 재래시장이나 동네 과일가게에서 저렴한 낙과들을 보면 자동반사적으로 웨딩 데커레이션 생

각이 떠올랐다. 신부에게 사진을 보내주며 저렴한 가격의 낙과들을 적극적으로 활용해 비용을 절감해보자는 메시지를 주고받았다.

예식 일주일 전, 같은 장소에서 진행된 다른 웨딩이 끝나기를 기다려 웨딩 베뉴 직원들이 테이블 배치 시뮬레이션을 해본다기에 밤 9시에 현장에 달려갔다. 한 번도 시도해본 적 없는 새로운 배치와 동선의 디자인이니 그들도 염려가 컸나 보다. 왼쪽 아래 페이지의 사진처럼, 원래는 각종 장비들을 숨겨놓는 뒤 공간 역할의 파티오를, 산 조망이 배경이 되는 웨딩 아치로 변신시켜보자고 호기롭게 제안해놓고 가슴이 두방망이질하는 건 사실 나도 마찬가지였다. 그 누구도 시도하지 않았던 디자인에 대한 결과는 온전히 내 책임으로 돌아올 텐데, 어쩌자고 내 무덤을 판 것인지는 나도 모르겠다.

하객들의 착석 위치를 표시하는 테이블 위 플레이스 카드는 보조개 사과에 붙은 이파리처럼 디자인해 샘플 작업을 해보았다. 디너 테이블의 쇼플레이트에 올려진 사과에 하나하나 이름표 작업을 하느라 허리를 펼 틈이 없었지만 아름다운 것은 대체로 손품이 많이 필요하다.

사과 플레이스 카드가 다른 이들의 눈에도 예뻐 보였는지 많은 하객이 SNS에 업로드하면서 검색 화면에 무작위로 뜨는 사진들에 사과가 가득했었다는 후문을 들었다.

예식이 진행되는 동안 하객들의 시선이 집중될 웨딩 아치는 밀이나 수수 같은 곡식과 감나무 가지를 더해 꾸미고 싶었지만 과실수를 가지째 조달할 만한 여건은 현실적으로 쉽지 않았다. 테이블 클로스로 좀 더 거친 질감의 리넨을 사용하지 못한 점과 나무 질감이 느껴지는 접의자를 놓지 못한 것 등, 몇 가지 아쉬운 점들이 눈에 띄었지만 어쩌겠는가. 무한대의 비용을 쏟아붓지는 못하니 '농장 분위기'라는 전체적인 이미지를 결정하는 가장 중요한 요소들에 집중할 수밖에 없었다. 신부가 입장할 꽃길을, 수확이 끝난 농장의 오솔길 진입로가 연상되도록 구불구불 자연스럽게 연출한 것이 전체의 이미지에서 중심축의 역할을 해준 것

같아 그래도 흡족했다.

테이블 센터피스는 꽃을 최소화하고 단면이 보이도록 자른 자몽과 석류, 포도, 호두, 밤 등의 가을 과실들로 풍성하게 장식했다. 탐스럽게 달린 포도와 붉은 즙 머금은 석류는 꽃으로 표현되지 않는 깊고 묵직한 컬러의 매력으로 적소에서 멋진 소재의 역할을 해줬다. 과일 센터피스로 연출한 테이블들 중간중간에 강약 조절을 위해 황금빛 밀 다발 묶음을 세워놓은 테이블 장식도 번갈아 세팅했다. 가시 붙은 밤송이째 던져놓고 싶었는데 밤나무 과수원 사장님 섭외 불가로 경동시장 퀄리티의 옥광밤으로 대체되었지만 말이다.

멋지게 재활용된 와인 박스들은 레스토랑을 운영하는 신랑이 모아다 준 폐품이었다. 버려질 물건에 새로운 존재감을 불어넣는 이런 리사이클링 작업은 뿌듯함이 배가된다.

포토테이블은 파머스 마켓 콘셉트로 과일 상자들을 풍성하게 쌓아 올려 꾸몄다. 플라워 팀의 노고 덕에 시안보다 훨씬 더 멋지게 구현된 아름다운 설치에 나뿐만 아니라 하객들도 감탄의 시선을 거두지 못했던 걸로 기억한다. 센터피스로 테이블 위를 장식했던 감, 자몽, 포도, 석류, 호두, 밤 등과 함께 이 과일들을 모두 그대로 하객들의 답례품으로 활용하자는 것이 본래의 의도였다. 마침 추석 명절 연휴를 목전에 두고 있던 시점이었으니 어울리는 선물이 되리라는 생각에 제안했는데, 다행히 신부가 몹시 마음에 들어 해서 실현이 가능했다. 조심스레 제안한 시안에 이벤트의 주체인 신랑 신부가 격하게 호응할 때의 기쁨이란!

예식이 끝난 후 옹기종기 쌓아놓은 바구니를 하나씩 집어 든 하객들이 직접 과일들을 골라 담는 풍경은 그 자체로 파머스 마켓이었다. 꽃다발 선물보다 훨씬 더 즐거워하는 하객들의 표정에 신랑 신부의 마음도 기쁨으로 두둥실 떠올랐음은 물론이다. 한가위를 앞둔 가을 웨딩은 하객들의 손에 들린 과일 바구니와 함께 넉넉하고 풍성하게 마무리되었다.

추억의
인형놀이

2017년 4월, 평창, 한국

십시일반과 품앗이 풍습에서 비롯된 축의금 문화는 오랫동안 우리의 일반적인 결혼식장 풍경이었다. 방명록과 흰 봉투로 상징되는 축의금 테이블은 결혼식의 규모가 작아지는 트렌드에 따라 최근엔 점차 사라지고 있는 듯도 하다. 참석을 꼭 원하는 소중한 이들만을 엄선해 초대하게 되니, 누가 왔었는지 굳이 방명록을 들추어 확인하지 않아도 된다. 초대에 응해 참석해준 손님에게 감사의 마음을 담아 잔치 음식을 대접하며 '돈'으로 축하를 받는 것을 민망해하는 분위기도 한몫했으리라.

이런 변화의 추세와 더불어 예비 신부들 사이에서 자리를 잡게 된 문화 중 하나가 바로 브라이덜 샤워bridal shower다. 결혼식 전에 신부가 가까운 친구들을 초대해 조촐한 파티를 열고, 초대받은 친구들은 정성껏 준비한 결혼 선물을 신부에게 전달하는 모임을 뜻한다.

서양에서나 보던 브라이덜 샤워 파티가 어느덧 우리에게도 낯설지 않은 풍경이 되기 시작했다. 장소는 대부분 레스토랑 안의 퍼스널 다이닝 룸을 예약하거나 호텔의 객실을 빌려 꾸민다. 파티 용품 업체에서 온라인으로 주문한 풍선들과 생화로 장식된 케이크, 예비 신부에게 씌워줄 화관과 친구들과의 우정 촬영을 위해 꽃으로 엮어 만든 꽃팔찌 등이 단골로 등장하는 소품들이다.

내게 웨딩 기획을 의뢰했던 그녀도 결혼식에서 들러리로 수고해줄 베프들을 초대해 귀여운 파티를 준비하고 싶어 했다. 꼭 브라이덜 샤워의 목적은 아니었으나 친구들과의 우정 촬영을 겸한 1박 2일의 홈파티를

기획했다. 아름다운 파티 테이블 세팅과 음식도 중요하지만 밥만 먹으러 모이는 게 아니므로 즐길 거리의 요소가 필요했다.

그렇다고 노래방 기기를 설치하거나 각종 보드 게임을 잔뜩 쌓아놓고 즐기라 할 순 없지 않나. 뭔가 아기자기한 여자들의 놀이이면서도 특별한 추억으로 기억될 장치가 필요했다. 식사를 마친 접시들이 치워지고 가위들이 가지런히 담긴 트레이가 놓이자 가위의 용도에 대해 모두들 궁금증이 폭발했다. 나를 요정 할머니라 믿는 신부의 기대에 부응하기 위해 소소하지만 밋밋하지 않을 그녀만의 추억을 만들어주고자 마련한 파티 용품이었다.

파티 분위기를 말랑말랑하게 만들어줄 소품으로 뭘 준비해볼까 하는 고심 끝에 생각해낸 건 유년의 향수를 소환하는 추억의 종이인형이었다. 3D와 동영상 미디어에 익숙한 지금의 세대들에겐 낯설겠지만, 90년대생 이전의 세대들은 기억할 것이다. 바비 인형이 대중화되기 전에 존재했던 2D의 평면 인형에 종이 옷을 입히는, 여자아이들의 정겨웠던 놀이를. 표지를 펼치니 수영복을 입은 10등신 미녀 인형들과, 모두의 옷장에 모조리 옮겨놓고 싶을 아름다운 꿈의 드레스들이 펼쳐졌다.

10등신 미녀 인형들의 얼굴이 바로 자신들의 얼굴이라는 걸 확인하자 친구들의 파안대소가 터졌다.

신부와 함께 이걸 준비하느라 친구들에게 이런저런 핑계를 대며 증명 사진 파일을 걷어 모았던 수고조차 유쾌한 기억으로 변하는 순간이다. 각자의 취향대로 드레스를 골라 입히고, 어쩜 이렇게 잘 어울리는 드레스를 골랐느냐며 서로서로 품평도 하는 아기자기한 놀이를 이어갔다. 모자도 씌워주고 테이블 센터피스에서 꽃을 똑 따서 손에 부케도 들려주는 이런 인형놀이를 언제 또 해보겠는가.

아무리 훌륭한 포토그래퍼를 고용한들 피사체의 자연스러운 몸짓과 행복한 표정이 없다면 멋진 기록을 남기기는 불가능하다. 전문 배우가 아니고서야 즐거움으로 충만한 표정을 포토그래퍼의 주문만으로 연기해 낼 수는 없다. 누가 시킨 일도 아닌데 이런 수고스러움을 마다 않는 것은 바로 그런 목적도 있는 것이다. 유쾌하고 행복한 표정이 자연스레 나오도록 하는 유도 장치인 셈이다.

파티 소품을 준비하는 과정에서 나 또한 유년의 기억으로 돌아간 듯 즐거웠으니 그것만으로도 이 수고에 대한 보상은 충분했다. 게다가 이 기꺼운 수고로 인해 누군가는 잊지 못할 소중한 추억을 저장하게 되었다면 더 바랄 게 없는 것이고. 주는 기쁨이란 본래 그런 것이다.

저는 **미국인 신부**
에이미 하워드입니다

2018년 10월, 옥천, 한국

생사여탈권을 쥐고 있지 않은 작은 기적은 때론 무심하게 찾아오기도 한다. 세상에 어떻게 이런 일이 내게 일어났는지, 신의 뜻이 아니라면 달리 설명할 길이 없는 그녀와의 놀라운 인연은 한동안 스스로도 믿기 어려웠다. 우리가 연결된 사건을 나는 지금까지도 신의 중매라고 생각한다.

서울이 단군 이래 최악의 폭염으로 지글지글 끓고 있던 2018년 여름, 7월의 마지막 주에 나는 그녀의 이메일을 받았다. 직원들을 모두 휴가 보내고 사무실에 홀로 남아 고독한 행정 업무의 시간을 보내던 중이었다. 자신은 대전에 거주하는 미국인 에이미Amy이며 10월에 대전 외곽의 '옥천'이라는 작은 마을에서 야외 웨딩을 계획하고 있는 예비 신부라고 소개하는 내용이 편지의 서두였다. 꿈꿔왔던 드림 웨딩을 실현하기엔 아무런 연고 없는 한국에서 홀로 너무 막막해 안절부절못하고 있다는 읍소의 내용이 뒤를 이었다. 그녀는 나를 어떻게 찾아낸 걸까? 검색으로 뒤져 무작위로 건져 올린 정보가 나였던 것일까? 이메일을 읽어 내려가며 그녀와 나의 연결 고리를 맘대로 유추하던 중, 내 컴퓨터의 모니터에 떠오른 'Robert'라는 글자 위로 섬광이 지나가는 듯했다. 그는 바로 다음 페이지 사진에 보이는 외국인이다.

맨 우측의 턱수염 무성한 사내인 포틀랜드 출신의 웨딩 포토그래퍼 로버트Robert J. Hill와의 인연은 당시로부터 2년 전인 2016년 7월로 거슬러 올라간다. 인도네시아 발리에서의 데스티네이션 웨딩 출장에서

본식 스냅을 담당한 한국 촬영 팀과는 별개로, 이국적인 발리의 풍광을 배경으로 웨딩 & 허니문 스냅을 남기기 위해 커플이 추가로 섭외했던 미국인 포토그래퍼가 바로 그였다.

옥천에서 결혼식을 올릴 미국인 신부 에이미는 자신이 포토그래퍼로 로버트를 고용했으며, 사진 촬영을 위해 전 세계를 여행하는 그에게 혹시 한국에 아는 웨딩 전문가가 있는지 도움을 구했다고 했다. 2년 전 발리에서의 인연을 떠올린 로버트가 그녀에게 내 연락처를 준 것이다.

언빌리버블! 세상에 이런 일이! 한국인도 아니고 미국인 신부와, 미국이 아닌 한국에서 결혼식을 할 신부와, 한국인 지인이 아니라 미국인 포토그래퍼를 통해 연결되었다는 사실이 선뜻 믿어지지 않았다. 많고 많은 사진가 중 하필 그녀가 선택한 사진가가 로버트라니! 게다가 결혼식을 할 장소는 서울이 아닌 충청도의 한 시골 마을이라고 하니 더더욱 실감이 나질 않았다.

소개팅 장소에 처음 나가는 사회 초년생처럼 두근거리는 마음을 안고 그녀와 만났고, 나 기꺼이 그녀의 꿈을 이뤄줄 요정 할머니가 되어주겠노라 첫 만남의 자리에서 약속해버렸다.

예식일까지 3개월을 채 남겨두지 않은 시점에 그녀를 만났으므로 시간은 많지 않았다. 대체로 1년 전, 적어도 8~9개월 전에 결혼식 준비를 시작하는 것이 미국에선 일반적이니, 안절부절못하며 울기 직전이었던 그녀의 초조한 상황이 짐작되고도 남았다. 당혹스럽긴 나도 마찬가지였다. 그녀가 웨딩 베뉴로 결정해놓은 펜션의 답사 전, 사전 조사차 인터넷으로 찾아본 결혼식 장소의 모습 때문이었다.

인터넷 검색창에 검색어를 입력하니, 이 장소에서 결혼식을 진행했던 언젠가의 사진이 튀어나왔다. 결혼식 이벤트 진행 사례가 있었다는 것이 확인된 건 긍정적이었지만, 충청북도 옥천 작은 마을 펜션의 뒷동산에 놓여 있는 이오니아식 기둥들이 너무 맥락 없게 느껴졌다. 취향은 저마다 제각각이니 누군가에겐 매력적이었을지 모르겠으나, 그녀와 내겐

난감한 오브제였다. 무엇을 펼쳐놓아도 그림을 망칠 게 뻔하다는 생각을 신부에게 조심스럽게 전하자, 혹여 내가 작업을 고사할 것 같아 불안해진 신부가 엄청난 추진력을 발휘해 펜션 측과 협상을 했다. 협상의 내용이 무엇인지는 알 수 없었으나 결과는 분명했다. 다행히 철거와 재조립이 가능했던 구조 덕에 우리가 흉물스러워했던 기둥들은 모조리 뽑혀 치워졌다.

착수도 하기 전에 이런저런 우여곡절을 겪고 드디어 답사를 위해 플로리스트와 현장을 방문했다. 하필 8월 첫째 주의 기록적 폭염으로 체감온도 43도를 기록했던 날, 온몸이 녹아내릴 것만 같은 뙤약볕을 등에 지고 플로리스트와 실측에 착수했다. 웨딩 아치가 세워질 위치와 아일의 길이, 신부가 이동할 동선을 차례로 파악해가며 체크리스트의 항목을 하나씩 점검해 실측 내용들을 기록했다. 각종 설치물과 기물들의 위치를 가늠하고 확인하는 것은 기본이고, 방문객들의 차량을 수용할 주차장의 규모와 하객들이 이용할 수 있는 화장실의 개수 및 위치 파악까지도 놓치지 말아야 한다.

현장 실측을 마친 후 곧바로 시안 작업이 시작되었고, 그녀 말대로 의지가지없는 한국에서 만난 전문가들에 대한 신부의 절대적 신뢰로 디자인 작업과 레이아웃 설계가 일사천리로 진행되었다. 서울과 옥천을 오가며 진행된 후속 미팅들과 시안 제시, 컨펌, 수정, 보완 등의 과정이 차례차례 이어졌다.

신부가 원했던 데커레이션 무드와 정확한 컬러웨이 확인차 플로리스트의 작업실에서 샘플을 만들어보던 중 신부로부터 예상치 못한 추가 요청 사항을 접수했다. 웨딩 프로그램, 즉 식순에 넣을 한 가지 스페셜 이벤트를 위한 그녀의 요구는 당혹스럽게도 '무궁화'를 구해달라는 것이었다. 미국 국화인 장미와 한국 국화인 무궁화를 양가 부모님들과 함께 하나의 화기에 꽂는 의식을 치름으로써 두 나라, 두 문화, 두 가족이 하나로 융합됨을 상징적으로 보여주고 싶다는 것이다. 진지한 취지와는 별개로, 문제는 그녀가 보여준 사진이 섹시한 하와이 무궁화라는 데 있었다. 삼천리강산의 우리나라 꽃 무궁화와는 거리가 멀어도 한참 먼, 하와이의 주화이자 말레이시아의 국화였다. 그녀가 검색을 정확하게 하지 못했던 것이다.

무궁화의 개화 시기는 8월 중하순이고 주로 노지에 핀다. 고로 예식이 진행될 10월 하순에는 없을 것이고, 고고한 자태의 국화임에도 국민들에게 인기가 없는 탓에 절화 상태로 꽃시장에 나오는 일은 현재도 없고 또 앞으로도 당분간 없을 것이 뻔하다. 국립현충원의 무궁화라도 서리해 와야 하나 주변에 농을 던졌더니 지인들의 무궁화 목격담과 제보 사진이 한동안 메신저 창에 만발했다. 자신만의 방식으로 계획한 '플라워 세리머니'를 포기할 수 없었던 신부의 간곡한 요청으로 결국 '조화' 사용으로 절충하며 합의를 보는 데서 무궁화 해프닝은 일단락되었다.

나머지 세부 사항 점검에 박차를 가하던 중, 그녀가 원했던 또 하나의 특별한 소품으로 '목각 기러기'가 등장했다. 양가 부모님께 인사를 드리는 순서에서 목각 기러기를 선물하는 방식으로 한국적 요소를 접목하자는 데 의견이 모였다. 그런데 한국 문화를 속속들이 알아내기 어려웠던 미국인 신부의 구매 요청은, 사진에서 보듯 기러기가 아니라 'wooden Mandarin duck(원앙)'이었다. 외관이 엄연히 다름에도 불구하고 이 두 새를 혼동하는 경우는 한국에서도 흔히 있는 일이다. 원앙은 금슬 좋은 부부의 상징이 아니라는 것을 대부분의 사람이 알지 못한다. 짝짓고 알을 낳을 때까지만 사이가 좋고 알이 나오면 미련 없이 헤어지는 새, 이른바 한시적 동거 커플이라 할 수 있다. 평생을 해로하며 홀로 되어도 다른 짝을 찾지 않는 의리 있는 부부는 '기러기'다. 오도된 전통을 바로잡으며 그녀에게 열심히 설명해주었건만, 내가 찾아준 목각 기러기의 단순하고 투박한 외모가 맘에 안 들었는지 그녀가 선택해 구매한 것은 비단 보에 싸여서 알록달록한 몸통을 감춘 만다린 덕이었다.

데커레이션과 관련된 각종 설치물들의 디자인이 확정되고 제 역할이

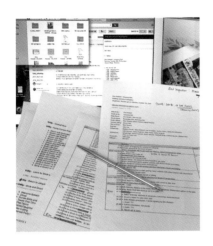

주어진 소품들의 확인이 끝난 후, 기획자가 완결해야 할 가장 중요한 최종 업무는 타임라인의 생성이다. 분야별 크루들의 준비와 셋업이 마무리되어야 하는 시점, 그리고 신랑 신부가 도착해 준비하는 과정부터 결혼식과 관련된 모든 이벤트가 종료되는 시점까지 개별 프로그램의 실행 순서를 생방송의 큐시트처럼 시간표로 정리한 것이 바로 타임라인이다. 놓친 디테일은 없는지 머릿속으로 현장의 상황을 상상하며 분 단위의 타임라인을 촘촘하게 설계해야만 한다. 가상현실 비디오를 반복 재생하듯 수십 차례 점검을 한 후 완성해서 신랑 신부와 크루들에게 전달하면 웨딩 이벤트를 위한 사전 준비가 비로소 마무리된다.

실제 웨딩 현장의 콜타임call time은 늘 그러하듯 이른 아침이다. 오전 8시 콜타임을 지키기 위해 서울에서 길을 나선 건 새벽 5시. 현장에 도착 후 첫 번째 임무는 신랑 신부와 양가 혼주를 위한 동선 리허설을 진행하는 것이다. 아름드리 웨딩 아치는 정확한 위치에 골격이 세워졌는지, 아일의 형태는 당초의 디자인대로 완만한 커브를 그리는 레이아웃으로 제자리를 잡았는지 이때 확인해야 한다.

헤어 스타일리스트와 메이크업 아티스트가 도착하고 리허설을 마친 신랑 신부가 단장을 시작하면, 하객들을 맞을 웰컴 사인welcome sign을 비롯해 결혼식을 꾸며줄 설치물들이 하나하나 완성된다. 밋밋했던 장소에 마법이 펼쳐지며 아름다운 모습으로 서서히 탈바꿈하는 시간이다.

높고 푸른 가을 하늘 아래 다이닝 테이블 위로 바스락거리는 햇살이 축복처럼 쏟아져 내리는 눈부신 날씨였다. 신부의 상냥한 배려가 느껴지는 카드가 테이블마다 하나씩 놓였는데, 미국에서 방문하는 하객들의 테이블에는 신랑 J를 소개하는 '신랑 J에 대해 알아야 할 10가지'가 적힌 카드, 한국 하객들의 테이블에는 '신부 에이미에 대해 알아야 할 10가지' 설명이 적힌 카드였다. "신부의 머리 색은 빨강이에요. 그녀는 텍사스에서 나고 자랐답니다. 여행을 좋아하는 에이미는 37개국을 여행했어요" 등… 어린이들을 위해 일하는 그녀답게 구연동화처럼 귀엽게 적

혀 있었다.

구름 한 점 없이 청명한 하늘과 가을 색들로 물들기 시작한 얕은 언덕을 배경으로 세워진 신부 입장bride's entrance 설치물. 신부가 입장을 시작할 위치이다. 입장도 하기 전에 하객들에게 신부의 모습이 적나라하게 노출되지 않도록 살랑이는 커튼을 달아 드라마를 더한 연출이다. 물론 들러리들부터 입장을 시작할 테니 그 뒤로 몸을 숨길 수도 있지만, 신부 입장의 순간에 모든 하객의 시선이 집중될 가림문의 설치가 이 웨딩 데커레이션의 차별화 포인트였다. 신랑 신부는 이 문을 통과해 삶의 새로운 장을 위한 첫 발걸음을 내딛게 되는 것이다.

포틀랜드에서 날아온 포토그래퍼 로버트가 "오 잇츠 크레이지!Oh, it's crazy!"라 외친 아름드리 플라워 아치는 크루들뿐 아니라 모든 하객이 감탄사를 멈추지 못한 웅장한 스케일이었다. 입장의 순간부터 이 아치에 도달하기까지의 아일을 길게 늘여 연출하기 위해, 현장 답사와 기획 단계에서 신부를 거듭 설득하며 동선을 다시 설계해 드라마틱한 결과를 얻었다. 나의 생각이 늘 옳을 리 없고 고객이 원하는 바를 구현해야 할 의무가 있으나, 더 멋진 결과물을 얻으리라는 확신이 있을 땐 끈기 있는 설득과 추진력도 발휘해야 하는 것이 기획자의 역할이다. 맥락 없는 이오니아식 기둥들이 즐비했던 이곳을 단풍국의 어느 농장처럼 탈바꿈시킨 플라워 팀이야말로 이 웨딩의 수훈갑이었다. 8할 이상을 꽃이 다했다.

신부 들러리 10명과 신랑 들러리 9명, 미국인 포토그래퍼 2명과 영국인 비디오그래퍼 2명이 모여, 얼핏 보면 해외판 웨딩 매거진의 한 페이지 같기도 했던 이곳은 대한민국 충청북도 옥천군의 작은 마을이다.

이오니아식 기둥들이 버티고 있던 난공불락의 자리는 예식이 시작되기 전 하객들이 머물며 즐길 수 있도록 포토존으로 탈바꿈했다. 해가 넘어가면 기온이 뚝 떨어지는 곳이라 쌀쌀한 공기에서 진행될 디너 리셉션에 필수적인 무릎 담요와 달콤한 주전부리들이 담긴 답례품도 이곳에

함께 전시했다.

서로 다른 모국어를 사용하는 커플의 결혼식에서 통역은 필수다. 각 식순이 영어와 한국어로 번갈아 진행되어야 하니 타임라인을 설계할 때 그 부분도 반드시 고려해야 한다.

전적으로 신부의 아이디어였던 플라워 세리머니는 예식의 말미에 양가 부모님의 참여로 진행되었다. 양국의 국화인 장미와 무궁화를 꽂아 넣으며 두 문화, 두 가정의 결합을 상징한 식순이라 내게도 특별한 경험으로 남았다. 결혼식 장소가 특급호텔이건 웨딩홀이건 사실 대부분의 결혼식 식순은 오랫동안 일정한 틀이 유지되어왔다. 물론 되도록이면 이행하는 편이 좋은 가치 불변의 클래식한 순서들이 있다. 예를 들자면 혼인서약이나 주례 선생님의 덕담을 듣는 것, 낳아주시고 길러주신 부모님들에게 정중한 감사 인사를 올리는 것 등. 그러나 대개의 경우 이 틀에 갇혀 개성이 반영된 그들만의 프로그램을 더할 유연함을 갖지 못한다. 결혼식이 진행되는 동안 하객들의 집중력이 떨어지고 주의가 산만해지는 것은 늘 보아오던 결혼식의 틀에서 조금도 다를 바 없다는 지루함 때문이기도 하다.

부부됨의 연을 많은 하객 앞에서 공표하는 의식에 다양한 아이디어와 의미를 품은 식순을 더해보길 예비 신랑 신부들에게 권하고 싶다. 주례 없는 결혼식의 경우엔 더더욱 그들만의 의식이 필요해진다. 예식 도중 난데없이 신랑이 마이크를 잡고 노래를 한다든가 하는 아이디어는 권장하지 않는다. 축가는 친구들의 몫으로 남겨두자. 꼭 노래가 하고 싶다면 피로연 타임이 더 적절하다.

특별한 식순이 알차게 구성된 결혼식이 진행되는 동안, 디너 리셉션 공간에서는 신랑 신부와 함께 착석할 들러리 커플 친구들의 자리인 톱 테이블top table의 꾸밈이 마무리 중이다. 한국에선 호텔이나 웨딩홀에서의 예식 후 다이닝에서 대개 신랑 신부를 위한 자리가 따로 마련되어 있지 않다. 그들이 이 행사의 주인공임에도 불구하고 하객들과 어울려 웨딩 정찬을 즐기지 못하니 아이러니하지 않은가. 서양 문화에서는 신랑 신부를 위시해 좌우로 베스트맨과 메이드 오브 오너, 들러리 친구들이 배석하는 톱 테이블이 연회장의 가장 좋은 위치에 놓인다.

웨딩 케이크 커팅뿐 아니라 신랑 신부의 퍼스트 댄스, 친구들의 스피치, 아빠와 딸의 댄스 등, 차례로 이어지는 피로연의 프로그램을 함께 관전하며 천천히 식사를 즐긴다. 밥만 먹고 바로 일어서는 한국의 결혼식 피로연과는 많이 다른 모습이다. 베스트 프렌드의 축사가 진행되는 동안이나 스피치를 마친 친구가 하객들 모두에게 건배 제의를 할 때, 포토그래퍼는 이때를 놓치지 않고 꿈꾸듯 행복한 커플의 표정과 사랑의 제스처를 담으려 할 것이다. 그러므로 행사의 주인공들을 위한 톱 테이블 장식에 좀 더 공을 들이는 것이 당연하다.

결혼 준비에 지쳤을 신부 에이미를 위해, 그리고 야외 공간의 장점을 십분 살려서 신랑 신부의 의자 뒤에 꽃 장식으로 악센트를 더했다.

모두의 잔에 와인이 채워지고 어둠이 짙어질수록 파티 분위기가 무르익어가자 나뿐 아니라 모두들 이곳이 충청도임을 잠시 잊은 듯했다. 타국에서 홀로 결혼식 준비에 외로웠을 이방인 신부의 드림 웨딩은 결국 멋지게 실현되었다. 행복한 딸의 미소에, 크루들 한 명 한 명의 손을 잡고 뜨거운 감사 치하를 하는 미국인 아버님과 눈을 맞추자 너 나 할 것 없이 모두 뭉클해졌다. 영어와 한국어가 뒤섞인 14시간의 드라마는 웨딩 나이트의 클라이맥스인 폭죽 배웅을 끝으로 막을 내렸다. 텍사스가 고향인 빨강 머리 에이미 신부는 충청북도 옥천의 가을 산을 배경으로 그렇게 대전댁이 되었고 말이다.

우리 먹거리를 활용한
답례품

2018년 6월, 2020년 5월 그리고 2020년 8월, 서울, 한국

누군가의 찬란한 한순간을 위해 함께 준비하고 참여하는 이 매력적인 일에도 단점은 있다. 고객의 결혼식 현장에 함께해야 해서 정작 내게 소중한 지인의 결혼식에 참석하지 못하는 경우도 꽤 자주 있다는 것. 반면 오랜 지인이 고객이 되는 경우엔 가족의 결혼식을 준비하는 것처럼 한껏 들뜨게 된다.

독거노인으로 늙어갈 줄 알았던 오랜 남사친이 약혼한 여자 친구를 소개하며 6월의 결혼식 계획을 발표하던 자리에서 나는 이미 이 아이디어를 마음에 품었던 것 같다. 오랜 지인인 신랑과의 우정으로 결혼식 기획을 맡게 된 덕분에 실현 가능했던 아름다운 콘셉트는 사진 한 장에서 시작됐다. 녹음이 서서히 짙어질 6월을 알리는 아름다운 표식으로 어떤 소재가 있을지 뒤져보다 찾아낸 것은 푸른 하늘을 이고 매실이 주렁주렁 달린 초여름의 청매실 나무 사진이었다. 고아한 백자 항아리와 함께 연출한다면 더할 나위 없을 듯싶었다.

매실과 백자 항아리라는 전통미 물씬 풍기는 콘셉트로 방향을 잡은 후 신랑 신부에게 꼭 권해보고 싶었던 답례품이 있었으니, 백년가약을 맺는 혼례 잔치를 의미하는 '국수'였다. 육수에 말아서 음식으로 대접되는 잔치국수 말고 그냥 마른국수 묶음을 하객들을 위한 선물로 기획해 멋지게 선보이고 싶었다. 인터넷 서핑으로 뒤지다 마침 이렇게 세련된 우리 국수 브랜드를 발견하고는 몹시 기뻤는데, 익숙한 제품에 부가가치를 더하는 디자인과 패키지는 정말 중요하다.

적당한 대나무 채반을 찾아 국수 묶음을 올려보니 여름을 알리는 시원한 이미지로는 적격이다 싶었다. 어차피 다이닝 테이블의 쇼 플레이트는 식사가 나오기 전에 바로 걷어가 버리니, 쇼 플레이트 대신 대나무 채반을 올려놓기로 했다. 샘플을 가지고 호텔의 플라워 팀과 시연 미팅을 하며 푸릇푸릇한 잎사귀를 하나 얹어 싱그러움을 더하기로 했다.

이 커플의 결혼식 장소는 그랜드 하얏트 서울 호텔이었는데, 늦은 오후의 부드러운 햇살이 밀려드는 2층의 아늑한 소규모 연회장과 너무 잘 어울렸던 테이블 세팅 전경이다.

국수 답례품과 플레이스 카드 세팅 중인 뭉툭한 내 손이 스냅 사진작가의 카메라에 포착됐다. 하객들의 플레이스 카드는 인쇄물이 아니라 서예 붓글씨로 하나하나 공들여 적은 것이라 필체가 힘 있게 살아 있는 동시에 희미하게라도 먹의 농담이 느껴지는 섬세한 작업물이었다.

조선 왕실의 여름 음료 '제호탕(醍醐湯)'의 주재료이자, 은나라 임금이 재상에게 "내가 국을 끓일 때 그대가 소금과 매실이 되어주시오(함께 태평성대를 만들자)"라고 부탁했다는 기록이 있을 정도로 오랜 역사를 지닌 열매가 매실이다. 숙고사 보자기로 싼 항아리 오브제들 사이로 동글동글한 초록의 열매들이 우르르 쏟아져 나오는 연출은 대나무 채반에 얹은 국수 묶음과 어우러져 싱그러운 모습을 만들어냈다.

여름을 향해 달려가는 6월의 청매실과 신랑 신부의 결연이 오래도록 이어지기를 기원하는 국수 묶음이 어우러졌던 혼례 준비는 한동안 많은 예비 커플 사이에서 회자되었다.

그러나 그때는 아무도 알지 못했다. 약 2년 후 코로나 바이러스라는 대재앙이 닥치며 결혼식에서 음식을 대접하는 것조차 금지되는 사태가 벌어질 줄은. 그 누구도 예상치 못했던 환란에 모두가 허둥댔던 2020년 봄, 감염병 확산을 막기 위해 하달된 서울시의 행정명령은 우리의 오랜 관습이었던 관혼상제의 틀을 무너뜨렸다. 잔치 음식만큼은 소홀함이 없이 푸짐하게 대접해야 한다는 혼주들의 오랜 관념에, 단체 식사를 금하는 사회적 분위기는 그야말로 대혼란을 초래했다.

다음 사례로, 혼란의 중심에 있던 이 커플도 마찬가지였다. 결혼식 장소가 종교 시설이었던 만큼, 갖가지 음식들을 주욱 늘어놓고 각자 덜어 먹는 뷔페 형식이 불가피했다. 그러나 확산 일로에 있던 감염병의 대유행으로 인해, 여러 사람들이 오가며 들여다보는 환경에 음식을 노출시킬 수 없는 상황이 된 것이다.

식사 대접이 불가능한 결혼식에서 대안은 한 가지뿐이었다. 죄송하고 감사한 마음을 담아 선물로 갈음하는 수밖에. 그 선물을 어떤 품목으로 안목 있게 골라내고 포장해서 아름답게 전달할지를 궁리하는 일은 결혼식 식사의 뷔페 메뉴를 짜는 것보다 훨씬 더 고민스러운 과제였다. 식사 대접을 하지 못하는 송구한 마음과, 위험 부담을 감수하고 결혼식에 참석해주신 하객들에 대한 감사의 마음을 전달할 수 있는 특별한 답례품을 준비해야 하는 커플의 고민이 당연하지 않겠나. 200개 가까운 수량의 주문과 배송에 어려움이 없어야 하고, 포장 비용을 더한 뒤에도 적정선의 단가를 크게 웃돌지 않아야 하며, 무엇보다 중요한 점은 취향과 나이가 모두 제각각일 하객들 다수를 위해 호불호가 크게 갈리지 않아야 하는 것이었다.

부부의 연을 맺으며 새로운 출발을 하는 커플을 축복하기 위해 감염병의 위험에서 사선을 뚫고(!) 참석하는 하객들에게 떡이나 향초 같은 선물은 너무 진부하게 느껴졌다. 행복하게 잘 살겠다는 다짐의 의미와 메시지가 담겨 있어야 마땅하다고 조언하며 내가 추천한 품목은 '꿀'이었다. 꿀 떨어지도록 행복하게 잘 살겠다는 메시지를 전달하자는 의도였다. 신혼여행을 뜻하는 허니문이 왜 '허니'문이겠는가. 의미 부여를 위해 천연 벌꿀의 뛰어난 면역 시스템 강화 효능까지 끌어다 댔으니, 코로나 시대에 딱 적합한 선물이 아니겠느냐며.

꿀이 담긴 유리병들로 인해 제법 부피감과 무게감이 느껴지는 선물 박스를 하객들이 편히 들고 갈 수 있도록 캐리어가 필요했다. 한 번 쓰고 대부분 버려지는 종이 쇼핑백 대신, 두고두고 재활용이 가능한 에코백을 제작하자는 데 의견이 일치했다. 그래픽 디자이너의 도움을 얻어, 도톰한 아이보리 컬러의 캔버스 소재에 하트를 그리며 날고 있는 귀여운 꿀벌 두 마리를 그려 넣은 시안을 만들었다. 가방 샘플을 신부의 직장으로 보내 벌꿀 선물 상자를 넣어보도록 했고 신부와 화상통화로 끈 길이를 조정하며 최종 점검을 했다.

상냥하고 정중한 감사의 메시지를 인쇄한 카드도 빠뜨릴 수 없다. 손글씨로 일일이 써 내려갈 수 없다면 각 잡힌 문어체의 인사 대신 속삭이듯 다정한 구어체를 메시지 카드 인쇄에 과감히 반영하라고 조언하는 편이다. 견본품처럼 의례적인 인사체의 문장으로는 받는 이들에게 진심의 온도를 온전히 전달하기 어렵다.

수서동 언덕 위의 작고 소박한 교회를 푸릇푸릇 숲속의 작은 교회처럼 꾸민 꽃 장식들 덕에 진짜 꿀벌들이 날아다녀도 어색하지 않을 분위기였으니 답례품마저 완벽하게 조화로웠다고 자화자찬하고 싶었다.

이후, 한층 강화된 사회적 거리두기로 인해 결혼식장에서 식사 제공을 하는 것도 받는 것도 서로 꺼리는 상황이 계속되었다. 뷔페 형식이 아닌 코스로 제공되는 호텔 결혼식에서도 한 공간에서 식사가 가능한 인원을

제한하다 보니, 결혼식에 참석했음에도 결혼식을 직관하지 못하고 다른 홀에서 스크린을 통해 신랑 신부의 혼인서약을 지켜봐야 하는 안타까운 경우가 속출했다. 초대 자체가 민폐인 것만 같아 마음이 편치 않고 참석한 하객들에게 감사한 마음과 더불어 이래저래 송구한 마음들이 중첩될 수밖에 없으니 더더욱 답례품에 대한 관심이 증폭되기 시작했다.

그러던 와중에 나도 혼주의 입장이 되었다. 대학 입학 선물로 디지털 기기를 사줬던 꼬꼬마 조카가 어느덧 훌쩍 나이를 먹고 신부가 되어 날 찾아온 것이다. 기억에 남을 만한 특별한 선물로 이모의 사랑을 전하고 싶었던 나는 하객들을 위한 결혼식 답례품을 기획해주는 것으로 축의금을 대신하기로 했다.

여러 가지 고려 끝에 선정한 답례품은 깨 볶으며 잘 살라는 의미를 담은 고소한 '참기름'이었다. 참기름을 먹지 않는 가정은 여간해선 없을 테고, 솔솔 풍기는 고소한 향은 미각을 깨워주는 기분 좋은 냄새가 아니던가. 그리고 무엇보다도, 공산품이 아닌 시골 동네 방앗간의 정서가 느껴지는 옛날식의 참기름 병이 주는 정취가 좋았다. 손맛 좋은 시골 할머니의 정이 덤으로 따라올 것만 같은 정겨운 모습이어서다. 마침 내가 원하는 이미지에 꼭 들어맞는 제품이 있었다. 50년 넘게 한자리를 지키며 3대째 전통 착유 방식을 지켜오고 있는 파주의 〈마정기름집〉에 주문을 넣었다.

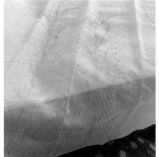

기름집에서 자체 개발한 포장 상태도 무척 양호했지만, 선물에 더욱 공을 들일 요량이었던 나는 오래전 〈온보담〉의 보자기 수업에서 배웠던 단아한 보자기 옷을 입혀서 품격을 더하고 싶었다. 〈온보담〉의 장수경 선생에게 보자기 제작을 문의하니, 결혼식 답례품답게 고운 색을 품은 보자기를 만들어주었다. 우리 산과 들의 꽃과 풀이 압화로 물들여져 자연이 주는 편안한 색들이 담긴 아름다운 보자기는 그 자체로 온전한 작품이었다. 어린 시절 마당에서 발견한 네잎클로버를 목침처럼 두툼한 한영사전에 넣어 곱게 말리던 추억도 떠올랐다.

자연의 문양이 담긴 아사 보자기로 감싼 참기름 병이 옹기종기 도열한 곳은 조카의 결혼식 장소였던 플라자호텔의 지스텀홀 신부대기실 앞이다. 신랑 신부의 감사 메시지를 인쇄한 태그도 걸어주었는데, 아름다운 우리 보자기 작업에 대한 설명도 곰살맞게 곁들여 주었더라면 더 좋았겠다는 아쉬움이 남는다.

답례품을 기획한다는 것은 단지 품목의 선정만으로 끝나는 간단한 일이 아니다. 주는 이의 정성이 담긴 포장과 받는 이가 불편함이 없도록 배려하는 캐리어 연구, 감사 인사의 문구를 다듬는 일, 답례품을 놓을 위치와 전달 방법에 이르기까지 모든 세세한 부분을 결정해야 하는 것이다.

코로나 바이러스에 점령당한 지금의 상황이 언제쯤 평온한 일상으로 완벽히 복귀될는지 지금으로선 누구도 짐작할 수 없다. 그러나 팬데믹이 종식되더라도 이미 자리 잡은 스몰 웨딩의 형태가 코로나 이전의 시대처럼 대대적인 규모의 잔치 형태로 돌아가진 않을것 같다는 것이 웨딩 산업 종사자들의 한결같은 예측이다. 그러므로 답례품에 대한 소구력은 당분간 높아질 것이고, 어쩌면 예비 신부들의 가장 높은 관심사인 스/드/메(스튜디오, 드레스, 메이크업)의 비교 우위에 더해 뉴 럭셔리 추구의 한 형태로 답례품 경쟁을 벌일지도 모를 일이다.

70개의
투명 우산

2018년 5월, 양평, 한국

봄가을에 결혼식이 몰리는 건 예나 지금이나 별반 다르지 않다. 계절의 여왕이라는 5월과 청량한 가을볕의 10월엔 특히 결혼식이 러시를 이루며 웨딩 산업이 바삐 돌아간다. 그런 5월의 황금 주말에 비 예보가 있게 되면 웨딩업에 종사하는 관계자들은 모두 노심초사하며 기상청의 날씨 예보에 더듬이를 바짝 곤추세운다. 어차피 실내 공간인 웨딩홀이나 호텔의 볼룸에서 치러질 결혼식이라면 교통 혼잡 같은 소소한 불편을 감수하면 그뿐이지만, 야외 결혼식이 예정되어 있다면 상황은 한층 심각해진다. 애초의 계획이 틀어졌을 때를 대비한 플랜 B를 점검해야 하는 동시에 멘탈이 널뛰는 신부들도 다독여야 한다.

야외 예식에 대한 신부들의 동경이 커지며 수요가 늘어나고는 있지만, 건조하고 따사로운 햇살이 연중 보장된 캘리포니아와는 달리 봄가을이 짧고 변덕스러운 날씨의 대한민국에서는 어느 정도의 위험 부담을 감수해야 한다. 예식 2~3주 전부터 날씨 앱을 들락거리며 기상 정보를 끊임없이 업데이트해보지만, 하늘이 주관하는 일을 사람이 어떻게 해볼 도리는 없다. 그럼에도 불구하고, 푸릇푸릇한 자연을 배경으로 눈부신 햇살 아래에서의 야외 결혼식에 대한 신부들의 로망은 날로 늘어만 가는 추세다.

야외 결혼식을 위한 장소를 선정할 때 가장 우선 순위의 덕목은 우천 시의 대안이다. 제아무리 수려한 경관의 멋진 장소라도, 플랜 B를 가동할 실내의 공간이 확보되지 않은 곳으로 결혼식 장소를 결정하는 일은 위험한 도박에 가깝다. 예식 이후 이어질 리셉션을 생각하면 더욱 그렇다. 결혼식 만찬을 빗속에서 할 순 없지 않은가.

홍콩에 거주 중이며 업무차 한국을 오가던 신부가 나와의 첫 만남에서 피력한 바람도 바로 '자연 속에서'의 결혼식이었다. 좁고 답답한 홍콩의 콘크리트 정글에 갇혀 산 탓에 눈이 시원해지는 초록 가득한 자연환경이 너무 그립다며 야외 결혼식이 가능한 서울 외곽의 장소를 원했다. 한국인 신부와 모로코인 신랑이 결혼식 장소로 마음에 둔 곳은 경기도 양평 소재의 한 레스토랑. 서울에서 비교적 근거리인 데다 광활할 정도로 넓게 펼쳐진 잔디 마당과 잘 조경된 수목들이 조화로이 줄지어 늘어서 있는 너른 부지가 매력적인 곳이었다. 넉넉한 주차 공간에 신부 대기실로 사용할 수 있는 아담한 별채와 우천 시 실내 예식도 가능할 갤러리까지 갖춰져 있어 나무랄 데 없었다. 국내의 장소이지만 홍콩에 거주 중인 커플과 모로코, 프랑스, 스페인, 미국, 홍콩 등 전 세계에서 날아올 하객들에겐 데스티네이션 웨딩인 셈이었다.

첫 답사에서 만난 12월의 황량했던 모습과 달리, 예식 1주일 전 플로리스트와 마지막 점검을 위해 네 번째로 찾은 그곳은 초록들이 토독 토독 빗방울을 맞으며 싱그러움을 뿜어내는 풍요로운 대지로 탈바꿈해 있었다. 다만 걱정인 것은, 도무지 그칠 기미가 보이지 않던 장대비가 한 주 내내 이어질 것으로 전망하는 기상청의 예보였다. 우기를 방불케 하는 고약한 날씨가 계속되고 있었다.

빗속의 결혼식은 영화 속에서나 아름답지, 실제로 그 행사의 주인공이 내가 되거나 나와 관련되면 영화에서처럼 마냥 로맨틱할 리 없다. 일주일 동안의 간절한 바람에도 불구하고 그녀의 결혼식 전날까지 온종일 내리던 비는 그칠 생각이 없는 듯 보였다. 그것도 부슬부슬 뿌리는 정도가 아니라 주룩주룩 묵직하게 내리는 빗줄기였다.

플랜 B 가동을 위해 예식 전날 비상 대책회의를 소집한 내게 이 커플은 배포 크게도 빗속의 결혼식을 강행하겠다는 과감한 결단을 내렸다. 자

신들이 오랫동안 바라온 결혼식은 '자연 속에서'의 결혼식이므로 비가 내리면 우산을 쓰고 치르면 된다는 단순하고도 당당한 결론이었다. 자신들의 결혼을 온 마음으로 축하해줄 하객들만 초대했으니 우중의 결혼식이라도 너그러이 이해해줄 것이라는 믿음이 있었다. 당사자들이 괜찮다는데 만류할 도리가 없었다. 다만 내가 제안한 것은, 그렇다면 우산이라도 통일하자는 것이었다. 모두들 알록달록하거나 혹은 시커먼 색의 우산을 제각각 쓰고 올 테니, 조금이라도 아름다운 모습을 만들어내기 위해 부랴부랴 방산시장에서 투명 우산을 하객 숫자만큼 구입했다.

기상청의 일기예보는 하필 이날따라 높은 적중률로 들어맞아 예식 장소인 양평에는 이른 아침부터 굵은 빗줄기가 멈추지 않았다. 우비를 뒤집어쓰고 동분서주하는 플로리스트 팀과 비닐로 각종 촬영 장비들을 꽁꽁 싸맨 촬영 팀이 안절부절못하는 상황을 지켜보는 마음이 착잡했다. 나라 잃은 백성의 얼굴을 하고 있는 건 진행 관계자들이었고 신랑 신부는 이 순간을 오롯이 받아들여 즐기며 시종일관 평온한 모습이었다. '비가 내림에도 불구하고'가 아니라 '비가 와서 더 특별해질' 거라는 무한 긍정 마인드의 커플. 답답한 홍콩의 도심 생활에 지쳐 있던 그들은 비가 오거나 말거나 자연 속에서 마냥 행복해했다.

어차피 피해 갈 수 없는 상황이니 즐기는 도리밖에 없었다. 하객들이 쓰고 온 각기 다른 우산들을 모두 반강제로 압수하고, 준비해 온 똑같은 모양의 투명 우산 70개를 배분했다.

신랑 신부의 프리웨딩 촬영 사진들을 디스플레이하는 연출은 포토 테이블이 일반적이지만, 이들이 주목한 건 '텍스트'였다. 소셜 네트워크 활동의 시대가 열리며 비주얼 이미지에 대한 관심이 더욱 높아져, 커플의 프리웨딩 촬영 사진들이 조로록 진열된 포토 테이블은 대부분의 결혼식장에서 기본 옵션으로 자리를 잡았다. 그러나 문학을 사랑하고 책을 좋아하는 이 커플은 자신들의 이미지를 하객들에게 전달하는 수단

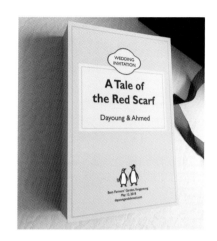

으로 사진보다는 글을 택했다.

함께 기획했던 청첩장부터가 이 커플의 웨딩 콘셉트를 잘 대변했다. 클래식 문고판의 대명사 격인 펭귄 북의 커버 디자인을 오마주하고 뒷면에는 그들의 첫 만남과 이후의 인연에 큰 역할을 한 '빨간 목도리' 에피소드를 실었다. 문학적 소양이 깊은 커플이 각자 좋아하는 문학 작품에서 발췌한 주옥같은 구절들을 디너 테이블 번호표에 적어 넣어 디너 코스가 서빙되기 전까지 잠시 문학적 사색에 잠길 수 있는 여유를 제공했다. 텍스트가 주는 지성의 힘에 대해선 영화를 만드는 이창동 감독도 일찍이 말씀하신 바 있다. "영화적 상상력이 문학적 상상력을 뛰어넘을 수 없다"고.

고전문학에 해박한 이 커플을 위해 내가 준비한 작은 선물은 셰익스피어의 명문을 캘리그래피로 적어 넣은 신랑 신부의 플레이스 카드였다. 그즈음 내가 레슨을 받던 캘리그래퍼에게 작업을 의뢰해 얻은, 고전적인 서체의 손글씨로 적힌 사랑의 메시지다.

플로리스트 팀과 주방 팀이 분주하게 리셉션을 준비하는 동안, 비 내리는 잔디 정원에선 신랑 신부가 우산을 쓰고 나란히 입장했다. 각자 준비해 온 혼인서약을 읽어 내려가는 동안에도 비는 그쳐주지 않았다. 신부

의 드레스 자락도 젖고 신랑의 구두도 젖고 잘 차려입고 와준 하객들도 모두 비에 축축해지는 상황이었지만, 모두들 시종일관 충만한 표정이었다. 진심으로 커플을 축복할 아주 가까운 이들만 초대되는 작은 결혼식의 장점이 바로 이런 것이다. 데면데면하거나 불평을 투덜거릴 얕은 관계의 하객들은 아예 초대 명단에 낄 여지가 없다.

우중에도 외국인 하객들의 유쾌한 호응을 이끌어낸 특별한 식순이 한 가지 준비되어 있었다. 한국의 전통 의례인 '폐백'을 차용해 하객들 모두가 참여하고 경험할 수 있도록 대추와 밤을 준비해놓았다. 신랑 신부가 맞들고 있는 절 수건에 시부모님이 던져주시는 대추와 밤의 숫자만큼 아들딸을 낳는다는 의미가 본디 우리네 전통이지만, 하객들의 참여를 위해 그들만의 의미를 새로 부여해 이야기를 만들었다. 커플을 축복하는 마음을 담아 대추와 밤을 던져 넣고, 하객들의 이 축복을 신랑 신부는 맞잡은 천으로 서로 협력해 잘 받아낼 것이라는 의미를 영문으로 정리해 대추와 밤 무더기 사이에 설명지를 꽂아두었다.

아이가 태어나면 평생 배필을 골라 붉은 실로 묶어놓는다는 '월하노인의 홍실' 설화를 연상시키는 붉은 비단으로 모던 버전의 폐백 의식을 치렀다. 그들의 첫 만남 이후 연인으로 맺어지는 데 중요한 역할을 한 소

품도 빨간색의 목도리이니, 전통적인 폐백에서 사용하는 흰색 절 수건을 붉은 비단으로 대체해 준비했다. 비에 젖으면서도 덕담을 외치며 밤과 대추를 던져 넣는 퍼포먼스를 게임처럼 즐겨준 하객들이 모두 이 특별한 이벤트의 주인공이 되었다.

두 사람을 운명처럼 연결한 바로 그 빨간 목도리로 신랑 신부의 손을 묶는 식순을 끝으로 커플은 하나가 되었고, 서로 각각의 우산을 쓰고 입장했던 것과 다르게 하나의 우산 아래 묶인 손을 꼭 붙들고 씩씩하게 퇴장했다.

리셉션이 마련된 실내로 비를 피한 하객들을 경쾌하게 맞이한 소품은 각자의 디너 테이블로 안내해줄 에스코트 카드들이다. 책을 좋아하는 커플에게 어울리도록 책갈피 모양으로 만들어 테이블 번호를 붙인 두툼한 해리 포터 시리즈에 끼워두었다.

신랑 신부의 퍼스트 댄스가 대체로 서양식 웨딩 리셉션의 백미이긴 하나, 이 커플의 판타스틱한 댄스를 뛰어넘는 모습은 당분간 보기 어려울 듯하다. 그들이 오랫동안 공들여 준비하고 합을 맞춰 연습한 춤은 스웨그 넘치는 라틴 댄스의 하나인 차차cha-cha였고, 신부의 피로연 아웃핏

은 차차 리듬을 잘 표현할 프린지 디테일의 칵테일 드레스였다. 눅눅했던 공기는 하객들의 환호와 휘파람으로 뜨끈하게 달궈졌고 밤을 향해 달려가는 시간들을 신나는 리듬으로 채워 넣었다.

신랑 신부의 댄스와 케이크 커팅이 끝난 뒤부턴 온전히 그들만의 시간이다. 떠들썩하게 와인 잔을 부딪치는 파티의 백 스테이지는 대략 이런 모습이다. 하객들이 던져놓은 우산들과 비에 젖어 너덜너덜해진 큐시트가 이날의 고단함을 설명하는 듯하다. 우비를 입었지만 속옷까지 흠뻑 젖은 크루들은 너 나 할 것 없이 모두 남루한 패잔병 같은 모습이 되었지만, 늘 엇비슷한 형식의 결혼식만 보아오던 지루함 대신 불가능한 미션이라도 완수한 듯 모두들 의기양양한 표정으로 공감의 눈빛을 주고받았다. 서울의 종량제 쓰레기봉투까지 챙겨 가 한 톨의 쓰레기도 남겨놓지 않고 알뜰하게 수거해 온 플라워 팀도 마찬가지. 우중의 설치 작업으로 고되었을 플로리스트들도 무언가를 해내었다는 성취감에 자축의 격려를 나눴다.

그들과 공유하게 된 이 추억 덕분에 이제 비 내리는 주말 아침이면 무한 긍정의 낙관주의자였던 이 커플이 어김없이 떠오른다. 날씨 때문에 예민해져 좀처럼 표정이 화사해지지 않는 신부들을 보게 되면 70개의 투명 우산이 동원됐던 그들의 촉촉한 결혼식이 더더욱 생각난다. 내가 얻은 것은 아름다운 순간들에 대한 추억만은 아니다. 기상 조건처럼 내 통제력 밖의 물리적 환경 때문에 애면글면할 필요가 없다는 교훈을 얻었다. 어떤 악조건 속에서도 빛나는 순간은 있게 마련이고, 예상치 못했던 상황이 선사하는 뜻밖의 아름다움을 누구나 다 경험할 순 없으니 이 또한 축복이며, 찰나의 감동일지라도 신랑 신부가 제대로 누릴 수 있도록 조력하는 것이 기획자의 역할이라는 깨달음도 얻었다. 그들 덕에 나는 또 한 뼘 성장했고 내 성장판은 아직 완전히 닫히지 않았다. 나보다 나은 사람들을 만나며 얻는 지혜와 통찰력 덕분에 나는 오늘도 무럭무럭 자라는 중이다.

간직하고 싶은
청첩장

2017년 4월, 서울, 한국

강철 같은 겨울이 물러나고 두꺼운 외투가 거추장스러워질 무렵이 되면 봄의 정령들이 날아들기 시작한다. 다름 아닌 지인들과 직장 동료들의 청첩장이다. 포근한 공기가 떠돌며 목련 송이들이 느닷없이 만개해 기쁨을 주는 것과는 또 다른 종류의 계절 지표다.

디지털 기기가 보편화되기 전에 결혼한 내 경우에는 종이로 된 청첩장이 당연시되던 시절이었다. 회사의 연중행사를 위해 초대장을 기획하는 일은 내 여러 업무 중 하나였다. 경험을 통해 쌓인 눈썰미로 내 결혼식을 위한 청첩장에 온갖 정성과 공을 들여 주문 제작을 의뢰했던 기억이 있다. 종이 제품류를 좋아한 탓도 있지만, 청첩장 하나라도 남들과는 차별되는 나만의 개성을 담고 싶어서였다. 호기로웠던 의도와는 달리 청첩장 제작을 위한 예산은 호방하지 못해서 마지막엔 현실적인 사양으로 타협하긴 했지만 말이다.

광고 카피처럼 간결하면서도 강렬한 문구를 표지에 넣고, 딱딱한 문어체 대신 속삭이는 듯한 구어체로 인사말을 넣었다. 종이의 질감이나 사이즈 같은, 남들은 알아채지도 못할 디테일에 마음을 쓰고는 혼자 만족해서 결혼 20년 차에 접어든 지금까지 저 청첩장을 고이 보관하고 있다.

그때나 지금이나, 청첩장을 받은 대부분의 하객은 시간과 약도 같은 중요 정보가 담긴 속지만 쏙 빼내 들여다본다. 청첩의 인사가 담긴 카드는 어디론가 던져둔 채로. 예식 종료와 함께 (혹은 그 전에) 대부분 언제 어

디서 어떻게 버려졌는지도 기억나지 않는 종이 청첩장은 디지털 기기의 출현과 함께 서서히 멸종의 단계를 밟고 있다. 그 옛날 우표와 함께 우체국 소인이 찍힌 청첩장은 어쩌면 역사박물관의 전시 물품이 될지도 모르겠다.

최근 결혼을 했거나 결혼을 앞둔 커플들 사이에선 프리웨딩 촬영 사진들을 미니 앨범 형식으로 함께 구성한 모바일 청첩장이 대세로 자리 잡았다. 아직 종이 청첩장이 사라지진 않았으나, 조만간 완전한 대체도 예상해볼 수 있다. 잃어버릴 염려 없이 확인이 편리할뿐더러 종이 낭비도 줄일 수 있으니 일석이조임은 분명하지만, 종이 청첩장을 전하고 받아 들 때의 온기와 정서를 사람들은 그리워하게 될 것이다. 모든 사라져 간 아날로그 시대의 물건들에 애틋함을 느끼듯이.

디지털 기기들이 점령한 사회에서 종이류 따위에 모두가 애정을 갖고 있을 리도 없으니 청첩장에 맵시를 따지며 공을 들이는 신부를 만나는 일은 점점 드물어지고 있다. 독특한 요소를 더한 청첩장은 천연기념물만큼이나 더욱 귀해져서 그것의 기획과 제작 과정을 경험할 일도 사라져가고 있다. 그런데 폐지로 전락하기 일쑤인 이 청첩장의 운명을 바꿔놓은 신부가 있었다.

아이디어의 시작은 구글에서 찾은 한 장의 이미지 컷이었다. 결혼을 통해 '새로운 챕터를 연다'는 의미를 담아보려고 이것저것 탐색하던 중에 찾은 앤티크 열쇠 사진에 신부와 나는 마음을 뺏겼다. '열쇠'라는 오브제가 가진 '복을 연다'는 의미와 더불어 날씬하고 우아한 생김새는 더 매력적이었다. 무언가 히스토리를 간직한 듯한 아름다운 열쇠 오브제에 마음이 한번 찰싹 달라붙으니 떨어지질 않았다. 우선은 한국에선 볼 수 없는 앤티크 키를 수집해 모으는 것이 가능해야 했다.

없는 것 없다는 인터넷의 망망대해를 헤엄치며 뒤지기 시작했다. 해외 사이트에서 아름다운 앤티크 키 묶음을 찾아냈고, 실물의 품질을 확인하고자 몇 개만 주문을 해보았다. 오래된 물건인 척하는 게 아니라 비밀을 품은 듯한 진짜 골동품을 찾고 싶어서였다. 이 예쁜 오브제를 어떻게 활용해 메시지를 담을 것인지도 풀어야 할 과제였다.

하객들이 모두 리조트에서 1박을 할 데스티네이션 웨딩이니, 호텔의 룸 키를 디자인 견본으로 작업해보자는 그래픽 디자이너의 제안이 뒤따랐는데 참으로 적절한 아이디어였다. 호텔의 객실 열쇠도 카드키로 대체된 지 오래지만, 영화 「그랜드 부다페스트 호텔」을 연상시키는 듯한 고전적인 모양의 룸 키 모양으로 디자인 시안이 확정됐다. 재료는 결이 살아 있는 나무, 그중에서도 월넛(호두나무)이 선택되어 아름다운 첫 샘플을 확인했다. 나무 향이 은은하고 손때가 묻을수록 더욱 예뻐질 거라는 확신에도 불구하고 제작이 망설여졌다. 어마어마한 제작 단가가 문제였다. 천연 월넛 소재에 레이저로 하나하나 각인해야 하는 노동집약적인 제작 방법이니 비쌀 수밖에 없었다. 월넛의 천연 질감과 어울릴 만한 키링도 이것저것 구해 와 바꿔보는 그래픽 디자이너의 정성이 더해지며, 제작을 망설이는 와중에도 샘플은 점점 완성도를 더해가고 있었다.

장사꾼이 이문을 남기지 않는 법은 없고 남는 것 없이 장사한다는 너스레는 우리가 익히 알고 있는 대표적인 거짓말이지만, 이미 아름다운 물건에 마음을 송두리째 빼앗겨버린 나는 내 몫의 기획료 일부를 덜어내어 이 청첩장 제작에 쾌척했다. 열정은 전염되기 마련이라, 그래픽 디자이너까지 가세해 리본의 퀄리티가 바뀌며 샘플은 자꾸만 업그레이드되었다. 서로 손해를 감수하면서까지, 이익을 포기하면서까지 공을 들이는 건 아름다운 물건이 주는 기쁨에 취한 탓이다.

그렇게 샘플을 매만져가는 동안 청첩의 수량에 맞춰 앤티크 키 물량을 확보하는 것이 내게 주어진 임무였다. 노트북을 끼고 폭풍 검색으로 셀러들을 찾아내 이메일로 주문을 넣었다. 매일같이 국제 택배로 앤티크 키 꾸러미들이 날아왔다. 못난이들을 걸러가며 사용하려면 필요 수량보다 여유 있게 확보해야 했다. 도착한 앤티크 키들을 하나하나 닦고 문

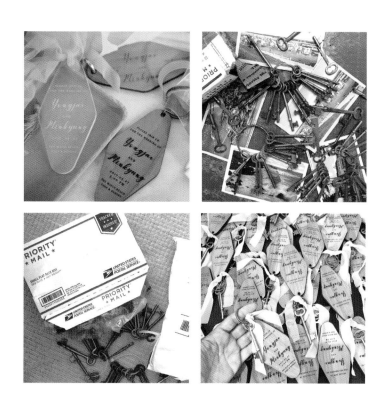

지르고 쓰다듬으며 새 지위를 부여하기 위해 숨결을 불어넣었다. 선하고 우아한 나의 신부에게 아름답고 행복한 챕터만 열어주기를 기원하는 마음을 가득 담아서.

손톱이 부러지도록 키링에 열쇠를 끼우고 리본 끄트머리를 하나하나 가지런히 정리해가면서 완성한 결과물들을 보니 벅차오르는 뿌듯한 마음을 감출 수 없었다. 나무의 결이 하나하나 모두 다르고, 앤티크 키 모양도 저마다 조금씩 다른 개성을 뽐내니, 폐지로 전락하는 청첩장들과는 완전히 다른 운명을 갖게 될 터였다.

이런 작업은 두 번 다시 못 하겠다고 도리질을 했었지만 아이의 눈부신 재롱에 출산의 고통을 금세 망각하는 산모처럼, 나는 또 이런 고단한 노동을 내게 기대할 신부가 기다려진다. 이런 노력의 결과를 아름다운 열매로 맺게 하는 주체는 바로 신랑 신부라는 사실을 각성할 필요가 있다. 결혼식 기획을 일임하고 어떤 아이디어도 가능케 하며 창의적인 작업에 대한 신뢰와 함께 결정에 대한 권한을 행사하는 것은 온전히 그들이다.

나는 가끔 반성하곤 한다. 그들이 내게 준 절대적 믿음을 바탕으로 나의 욕구를 채우고 있진 않은지. 그러나 물건에도, 일에도, 섬세하고 고급스러운 풍미를 더하면 '격조'가 된다는 사실을 그들에게 일깨워주고 싶고 확인하게 하고 싶다. 그것이 강도 높은 노동에 나를 흔쾌히 던지는 이유이다.

디즈니 공주님 군단을
섭외한 **브라이덜 샤워**

2018년 4월, 서울, 한국

대문호 토마스 엘리엇의 시를 빌리지 않더라도 내게 4월은 잔인한 달이다. 4월이면 늘 뉴욕 브라이덜 위크 출장이 있고 결혼식이 본격적으로 많아지는 웨딩 성수기 시점인 데다, 개인적인 가족 행사도 몰려 있다. 일주일에서 열흘 가까이 할애하는 뉴욕 출장에서는 다음 6개월의 수확을 위한 씨를 뿌리는 작업인 드레스 주문이 이뤄지므로 4월 한 달을 위해 고루 배분되어야 할 에너지가 사실상 이때 대부분 소진된다.

내게 가장 고된 그 뉴욕 출장 직후의 시점에 브라이덜 샤워 이벤트를 의뢰한 신부가 있었다. 위와 같은 이유로 이미 고사할 명분은 충분했던 데다 장소는 브라이덜 샤워에 그다지 적합지 않은 호텔 객실이었으므로 나는 이 일을 맡을 의지가 별로 없었다. 그러나 결국 마음의 빗장을 스르르 푸는 열쇠는 '무한 신뢰'. 나만을 믿고 의지하는 그녀의 간곡한 메시지에 마음이 녹아버려 결국 승낙을 하고 말았다.

행사를 수락하고 보니 장소가 호텔의 객실인 건 정말 난감했다. 침대와 TV가 있는 방에서 대체 특별한 뭘 할 수 있단 말인가. 그나마 다행인 건 객실의 인테리어 톤이 밝고 화사한 신축 특급호텔이라는 점 정도다.

그 호텔에 투숙해본 경험이 없었으니 객실 내부를 속속들이 알 수 없어, 호텔 홈페이지에서 찾아낸 객실 사진으로 현장 답사를 대신했다.

출입문에서 정면으로 보이는 벽에 뭔가 가장 주목성이 높은 설치물이 필요하리란 걸 단박에 알아차렸지만, 재물손괴죄로 호텔로부터 고소당하는 일을 만들면 안 되니 무엇을 어떻게 해야 하나 고민이 시작되었다.

작업의 출발점은 늘 똑같다. 영감이 되는 이미지들이 가득 저장된 아이디어 아카이브 서랍을 뒤지는 것. 그럴싸한 결과물을 만들어내기 위한 영감을 건져 올리는 것으로 작업은 시작된다.

플라스틱 패널들을 사용한 어떤 설치 작품의 사진들을 언제고 파티션이 필요한 이벤트에 응용해보리라는 의도로 갖고 있었는데, 자색 고구마칩 같은 조형물에 눈길이 멈췄다. 그래, 이걸 활용해 포토월을 만들어보자고 신부에게 제안했고 그녀가 흔쾌히 받아들인 덕분에 제작에 착수하게 되었다.

무슨 복인지, 치기 발랄한 아이디어를 현실로 재현하기 위해 수고로운 노동을 마다않는 재주 좋은 지인들이 주변에 포진해 있는 덕에 재료 조사와 샘플 작업 투입까지 일사천리로 척척 진행되었다. 기획자의 몽상에 그칠 뻔한 아이디어는 실행력을 갖춘 능력자들 덕에 멋진 포토월로 재현될 기회를 얻었다. 이 기획으로 종이 장인의 면모를 맘껏 발휘한 〈스타일지음〉의 작가들은 아이디어의 근원이 된 조형물 사진을 보며 내가 상상했던 것 이상으로 훌륭한 결과물을 만들어냈다. 게다가 특급호텔의 룸 인테리어에 흠 내지 않도록 숨을 멈추고 조심조심 설치까지 완벽하게 마무리했다.

팔랑팔랑 나비 같은 흰 종이들로 시작해 서서히 핑크빛으로 물들어가며 아래쪽으로는 매혹적인 진달래 빛으로 점차 진해지는, 아름다운 컬러 그러데이션 포토월이 완성되었다. 살짝 옆으로 걸어가기만 해도 나풀나풀 핑크색 물결이 일렁이며 드라마틱한 무드를 만들어주었다.

꽃으로 이만큼의 면적을 채워 감동을 주려면 어지간한 비용으로는 어림도 없겠지만, 종이라는 저렴한 재료를 사용하는 신박한 아이디어 덕분에 훨씬 더 개성적인 꾸밈이 된 것이다.

그러나 이벤트에 꽃이 완전히 배제되어도 서운한 법. 가구가 많은 호텔 객실의 특성상 어지간한 양으로는 티도 나지 않을 것이 뻔하니, 꽃 장식은 엉뚱한 장소에 과감하게 연출해보았다. 내 맘대로 명명한 '벚꽃 욕조'다. 호텔 객실을 이용해본 이들은 다 알 것이다. 특급호텔의 욕실은 대부분 대리석 마감인 데다 조명이 예쁘고 고층일 경우 자연광이 화사하게 들어오는 괜찮은 전망의 위치에 있다는 것을. 또한 욕조도 결국 물을 채우면 커다란 화기의 개념으로 이해할 수 있겠다는 것에 착안했다. 아주 커다란 플라워 베이스와 다름없겠다는 내 나름의 해석이었던 셈이다. 물을 채우면 화기로 변신할 수 있는 욕실 오브제의 또 하나는 바로 세면대. 화장실 셀카가 대세이니 꽃을 곁들이면 셀피존으로 활용될 수 있지 않을까 하는 생각을 실행에 옮긴 것이다.

파티에 초대된 신부의 친구들을 즐겁게 해줄 아기자기한 소품들도 빠질 수 없다. 여러 가지 소품 중에서 가장 인기가 많았던 것은 애니메이션 캐릭터를 활용한 가면이었다. 디즈니 캐릭터들 가운데 가장 많이 알려지고 대중적 인기가 많은 공주님들을 걸그룹처럼 선발해 제작했다. 신부의 친구들과 일대일로 매칭했을 때 싱크로율 좋은 공주님들로 여섯 분을 발탁하는 과정에서 신부가 동심으로 돌아간 듯 즐거워했음은 물론이다.

제작 과정에서 얼굴 크기에 맞춰 출력하는 것까지는 잘 진행되었는데, 막상 완성하고 보니 어딘지 캐릭터에 2% 부족한 느낌이 들었다. 심심하게 느껴지는 이유가 뭘까 고심하다가 치장을 좀 해보았다. 목걸이, 귀걸이, 브로치 등을 그려 넣어주니 부족한 캐릭터에 힘이 생기는 느낌이었다. 디즈니 공주님들의 미모도 결국은 다 장신구발이었나 보다고 〈스타일지음〉의 작가들과 파안대소했다.

인스타그램에 업로드하자 딸 가진 엄마들의 디엠 문의가 폭주했던 공주님 군단의 단체 샷이다. 엄마가 된 과거의 신부 고객들이 연락을 해와 오랜만에 안부를 확인하며 선물을 하기도 했다.

늘 그렇듯 활용할 소품이 많으면 사진도 풍성하게 얻어진다. 행복하고 즐거워하는 모습들을 기록해 담아야 하니 당연하지 않은가. 자잘한 소품을 다양하게 많이 준비해야 해서 손 많이 가는 작업인 브라이덜 샤워는 사실 이전까진 고사하고 싶은 이벤트였다. 그러나 파티에 사용했던 소품들을 단 한 개도 버릴 수 없어서 호텔과 집을 세 차례나 왕복하며 모두 실어 날랐다는 신부의 메시지를 받으니 고단했던 마음이 멀리멀리 달아나 버렸다.

무모한 도전과 논리로만 설명할 수 없는 확신, 그리고 무지함에서 오는 용기로 밀어붙이는 일들이 누군가를 행복하게 만드는 결과를 얻을 때, 일의 기쁨과 보람은 배가 된다.

두 개의
웨딩 케이크

2018년 10월과 2020년 11월, 서울, 한국

드레스와 사진 그리고 메이크업이라는 빅3는 결혼을 준비하는 예비 신부를 가장 들뜨게 하는 흥미진진한 요소들이지만, 그 외에도 눈길을 주었으면 하는 바람으로 내가 종종 부연 설명이 길어지는 한 가지가 웨딩 케이크다. 예식 장소를 확정하는 단계에서 선택 불가능한 필수 계약 항목들로 주르륵 딸려오는 것들, 혹은 선택 가능한 옵션임에도 당사자인 커플이 크게 관심을 두지 않는 바람에 결혼식 당일이 되어서야 정확한 존재를 확인하게 되는 것들 중 하나가 웨딩 케이크이기 때문이다. 어떤 모양인지, 무슨 맛인지, 하객들에게 디저트로 나눠주긴 하는지, 심지어 케이크인 척하는 모형이라 자르는 시늉만 해야 하는지도 모른 채 그냥 그 자리에 존재감 없이 놓여 있는 경우가 우리나라에서는 흔한 일이다. 그래서 웨딩 케이크까지 디테일하게 내게 자문을 구하며 준비하는 신부를 만나면 그 섬세한 마음 씀에 반가움이 왈칵 솟는다.

이 웨딩 케이크의 전통은 어디에서 비롯되었을까? 기원을 찾아 거슬러 올라가면 중세 로마에서 유래했다는 설이 지배적이다. 로마 사람들은 롤 빵을 신부의 머리 위에서 부수어 결혼을 축하했다고 한다. 빵의 재료가 되는 밀은 '다산'을 의미하기 때문인데 노동력이 중요한 자산이었던 중세에 이는 곧 물질적 풍요를 뜻하기도 했다. 이 빵을 부수는 전통이 17세기 말 즈음에 빵 덩어리에 설탕을 입힌 케이크로 변형되며 오늘날의 웨딩 케이크로 발전했다.

심플한 파운드케이크에 화이트 아이싱을 입힌 케이크는 19세기 초부터 대중화되었다고 한다. 흰색의 웨딩드레스가 그러했듯 순백으로 정제된 설탕이 귀하고 비싼 사치품으로 여겨지던 시대였던 까닭에 순수한 흰색 케이크는 곧 가문의 부와 사회적 지위를 드러내는 것이었다. 화이트 드레스가 웨딩드레스의 상징으로 안착되는 데 기여한 빅토리아 여왕이 자신의 케이크에 순백의 아이싱을 한 연유로 이때부터 '로열 아이싱royal icing'이라는 새 명칭을 얻게 되었고, 우리나라에는 대략 1930년대에 전해졌다고 한다.

케이크를 자르는 시늉만 할 뿐 커팅을 하지도 않고 맛을 보지도 않으며 하객들과 나누어 먹지도 않는 우리나라 결혼식에서의 웨딩 케이크와는 달리, 서양인들의 결혼식에서 웨딩 케이크는 여러 가지로 특별한 의미를 지닌다.

우선 음식으로서의 웨딩 케이크는 웨딩 피로연의 훌륭한 디저트다. 연회의 마지막 코스이자 웨딩 리셉션 프로그램 중에서 가장 상징적인 순간을 담당한다. 층층이 쌓아 올려 크림으로 장식된 웨딩 케이크는 하객들의 디너 접시가 비워진 이후에 스테이지의 중앙으로 옮겨지고, 나이프를 잡은 신부의 손 위에 신랑이 손을 포갠 후 하객들의 풍성한 축하와 격려가 쏟아지는 가운데 케이크를 자른다. 두 사람이 부부가 된 직후의 첫 번째 공동 작업을 의미하는 것이다. 신랑 신부는 조각으로 잘라낸 케이크를 서로에게 한 입씩 먹여주게 되는데, 이것은 언제나 서로를 위해 헌신하겠다는 그들의 혼인서약에 대한 상징적 제스처이다. 이를테면 "널 책임지고 끝까지 먹여 살릴게!"의 의미인 것이다. 비슷하고도 다른 전통으로 함들이 때 봉채떡을 떼어내 먹음으로써 액운을 떨치는 우리 풍습도 참 멋진데, 언제부턴가 함들이가 생략되어 요샌 봉채떡 보기가 힘들어졌다.

신랑 신부의 첫입 맛보기first bite가 끝나면, 웨딩 케이크는 모두 조각으로 잘라져서 하객들의 디저트로 서빙된다. 이때 맨 위의 꼭대기 부분은 건드리지 않고 그대로 얌전히 떼어내 옮겨져 포장한 뒤 신랑 신부가 신혼집으로 가져간다. 그대로 냉동했다가 첫 번째 결혼기념일에 꺼내어 부부가 나눠 먹으며 그들의 첫 결혼기념일을 자축하는 전통이 있기 때문이다. 상하지 않겠느냐는 의문을 품겠지만 설탕이 천연 방부제 역할을 한다.

장식품의 역할이 아니라 실제로 하객들이 모두 나누어 먹는 디저트이므로, 몇 명의 하객이 참석하느냐에 따라 케이크의 사이즈가 결정된다는 점이 가장 중요하다. 내게 웨딩 기획을 의뢰했던 미국인 신부의 경우, 첫 미팅에서 거론된 여러 점검 항목에서 하객 숫자를 확인하며 케이크의 사이즈를 매칭하는 내게 신뢰가 생겨 안심했노라고 후에 고백한 바 있다.

하객들에게 디저트로 서빙되다 보니 가끔 예상 밖의 상황이 전개되기도 한다. 케이크 담당 파티시에에게 주문이 완료된 후 하객의 숫자가 갑자기 늘어나게 되면, 정해진 사이즈에서 더 많은 조각을 잘라내야 하므로 조각 케이크의 두께가 얇아지는 것이다. 캘리포니아 나파의 그림 같은 와이너리 리조트에서 결혼식을 올렸던 내 신부 고객의 경우가 그랬다. 당초의 예상보다 부모님 하객의 숫자가 갑자기 늘어나는 바람에, 도톰하게 제공하지 못하고 얇아진 조각 케이크를 보완하기 위해 아이스크림을 얹어 함께 서빙하기도 했다.

하객 숫자가 얼마 되지 않는 작고 프라이빗한 웨딩의 경우, 케이크 사

 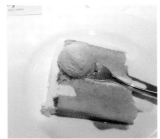

이즈가 너무 작아 테이블에 납작하게 붙으면 존재감이 없어 보일 수 있다. 이 경우엔 지름을 줄이고 층수를 쌓는 것이 보기에 좋을 것이다. 층과 층 사이에 기둥을 세워 높이를 강조할 수도 있다. 기둥을 세워 꼭대기를 아예 분리해놓으면 신랑 신부를 위해 따로 포장하기도 쉽고, 아래쪽 층을 자르다가 꼭대기 층을 건드려 망가뜨리는 실수도 방지할 수 있으니 일석이조의 좋은 방법이다.

케이크의 사이즈와 형태가 정해졌다면 다음은 케이크의 주축을 이루는 빵, 즉 시트의 맛을 정할 순서다. 내게 웨딩 기획을 의뢰한 고객들 중, 서로 먹여주는 신을 연출할 때 신부 케이크와 신랑 케이크를 따로 기획해 두 개의 웨딩 케이크를 주문한 신부가 있었는데, 외형만 다른 게 아니라 맛도 서로 다른 두 개의 케이크가 준비되길 원했다.

파티시에에게 확인한 여러 가지 맛들 중에서 신부가 관심 있는 몇 가지 맛으로 추린 후 시식을 통해 최종 결정을 했다. 바로 아래 사진 맨 왼쪽부터 초콜릿/캐롯/레드 벨벳/너트 파운드의 시트지 샘플이다. 케이크 시트와 시트 사이에서 접착제 역할을 하며 케이크의 맛을 배가할 필링의 조합도 염두에 두어야 한다. 일반적으로 인기가 많은 클래식 케이크 중 하나인 초콜릿 케이크에는 화이트 크림이나 초콜릿 가나슈 같은 전통적인 조합이 무난하다. 캐롯 케이크와는 주로 크림치즈 프로스팅을 매치한다. 와인 빛의 아름다운 컬러를 뽐내는 레드벨벳은 버터크림이

잘 어울린다. 그도 그럴 것이, 맛의 조합은 물론이고 잘라서 접시에 놓일 때 보이는 단면도 예쁘니 말이다. 예쁜 색감으로 눈이 즐겁다면 금상첨화가 아니겠는가. 그게 바로 디저트의 역할이기도 하고.

여기서 꼭 기억해야 할 중요한 내용이 있다. 3단 이상의 케이크를 디자인할 때 맨 아래층의 시트는 가급적 파운드 타입으로 해야 한다는 것. 배송 도중, 위 두 단의 무게에 눌려 케이크가 주저앉을 수 있기 때문이다. 3단 케이크를 싣고 과속 방지턱을 넘어야 하는 진땀 나는 상황을 상상해보라. 그러므로 상대적으로 단단한 파운드케이크가 맨 아랫단에 자리를 잡아줘야 한다. 빵 따위의 무게라고 얕봐선 곤란하다. 3단 케이크의 무게는 상상 이상으로 엄청나다.

케이크 시트와 필링의 맛이 모두 결정되었다면, 그다음은 케이크의 겉면을 입히는 아이싱이다. 이때 가장 주의 깊게 고려해야 하는 점은 웨딩 피로연이 진행될 환경의 '온도'다. 예를 들어 5월 말의 가든 리셉션이라면, 따끈따끈한 햇살에 녹아내려 낭패를 볼 수도 있는 생크림 사용은 아니 될 법. 클래식한 버터크림이나 고형의 슈거 퐁당sugar fondant이 안전하다.

사실 아무리 맛좋은 케이크라 한들 웨딩 케이크는 잘라서 맛보기 전엔 비주얼로 압도해야 하는 부담감이 없지 않다. 신부의 웨딩드레스에서 따온 모티프나 부케의 꽃을 슈거 크래프트로 만들어 더하기도 한다. 결혼식 테마에 어울리는 마무리는 하객들의 눈을 호사시키며 웨딩 피로연의 분위기를 배가하는 중요한 역할을 한다.

다음 페이지의 사진은, 신랑 신부가 피로연에서 입을 한복의 색감과 조화롭길 바라는 신부의 요청으로 준비했는데 오른쪽 화이트가 신부 케이크, 왼쪽의 초콜릿 커버링이 신랑 케이크였다.

사실 해외의 유명한 케이크 장인들은 케이크에 생화를 장식하는 것을 금기시하는 편이다. 농약 성분이 남아 있을 수도 있고 식물이 본래 가지고 있는 독성에 알러지 반응을 일으킬 수도 있다는 것이 이유이다. 그래

서 보통은 꽃줄기 끝을 소독한 후 은박지로 감싸 케이크에 꽂는다. 더욱 깔끔한 마무리를 원한다면 위의 사진처럼 '플라워 픽'을 사용하는 것이 좋다.

생화 장식이 비교적 쉬운 방법이긴 하지만, 한 번뿐인 소중한 결혼식을 기념할 웨딩 케이크를 기획하며 독창적이고 개성 있는 스타일을 접목해보길 권한다. 슈거 글레이즈드된 도넛이나 알록달록한 컵케이크를 쌓아 올리는 것만으로도 충분히 우아하게 웨딩 케이크를 대신할 수 있고, 디저트 뷔페의 일부분으로 응용하는 것도 가능하다. 하객들은 다양한 종류와 형태의 디저트 코너에 흥거워할 것이고 달콤한 디저트는 꼭 맛으로 즐기지 않더라도 구경하는 것만으로도 눈이 즐거워질 것이다.

첫입 맛보기 조각을 우아하게 잘라내 떼어낼 때, 신부들은 신랑의 귀에 조용히 속삭이며 부탁한다. 한입에 쏙 들어가도록 예쁘게 먹여달라고. 망가질 것을 지나치게 염려하지는 마시라. 서로의 입에 크림이 묻으면 앞으로 펼쳐질 결혼 생활이 달콤할 거라는 암시라고 여기니까. 본래 서양 문화에서 건너온 것이니 그들의 이런 생각에도 그냥 동조해주기로 하자.

그리고 하객들은 부디 이 디저트를 사양하지 말고 맛있게 나눠 먹어주길 바란다. 단순히 맛을 즐기는 이상의 의미로, 음덕을 입어 무탈하고 행복하게 잘 살라는 기원의 마음을 담은 우리의 복 떡 나눔처럼 결혼식에 참석한 이들의 유대와 축복을 비는 달콤한 의례이니 말이다. Yummy!

5

소품,
스타일링에
방점을
찍.다.

아름다운 룰 브레이커의
리본 센세이션

2009년 10월, 서울, 한국

인생의 변곡점을 찍는 순간은 누구에게나 찾아온다.

내게는 오랜 직장 생활을 접고 이 일을 시작한 2008년 11월과 2009년 초가을에 그녀를 만났던 순간이었던 듯하다. 그녀 덕분에 나는 어쩌면 지금까지 이 일을 계속할 수 있는지도 모르겠다. 12년이나 지난 이 시점에도 아직 회자되고 있는 웨딩룩 스타일링의 주인공인 배우 강혜정이다. 그간 많고 많은 신부 고객과 인연을 맺고 그들의 웨딩에 참여했으나 아직도 최고의 신부를 꼽자면 주저 없이 그녀를 기억에서 소환한다. 어마어마한 고가의 드레스를 입었다거나 화려한 결혼식을 올려서가 아니다. 웨딩드레스 숍을 열고 이 일을 시작한 지 얼마 되지 않았던 나 같은 새내기를 대체 뭘 어떻게 믿고 온전히 나의 스타일링에 따라주었는지 그녀와의 인연이 여전히 비현실적으로 느껴져서이다.

내로라하는 유명 스타일리스트들과의 협업과 모델 캐스팅 등 오랜 패션 회사 근무 시절 뉴욕 패션위크 현장에서의 경험들은 옷을 입힐 대상에 대한 스타일링 키 이미지를 재빠르게 낚아 올리는 능력을 내게 축적시켜주었다. 내가 그녀를 만나자마자 스타일링의 핵심 이미지로 즉각 확신했던 것 한 가지는 바로 그녀의 경쾌한 '단발머리'였다. 각종 매체에 노출된 그녀의 과거 사진들을 죄다 뒤져보아도 긴 머리의 강혜정은 찾아보기 어려웠다. 오케이! 상큼 발랄 매력적인 단발머리를 있는 그대로 살려보자고 스타일링의 방향타를 잡은 내가 그녀에게 제안했고 그녀 역시 기분 좋게 동의해줌으로써 큰 그림은 결정되었다. 지금 생각하면 단발머리를 유지하는 것 정도가 뭐 그렇게나 결단할 일인가 싶지만, 당시는 신부라면 으레 머리를 길러 결혼식 날에는 올림머리를 해야 하는 것으로 고정관념이 뿌리내려 있던 시절이었다. 올림머리가 불가능한 짧은 헤어스타일이라면 가짜 머리를 붙여서라도 말이다.

그런데 문제는 베일이었다. 웨딩드레스 못지않게 신부의 아이덴티티를 가장 극명하게 드러내는 요소가 바로 신부의 상징과도 같은 베일이다. 그런데 짧고 경쾌한 똑단발에, 길어서 치렁치렁 바닥을 쓰는 베일은 묵직해 보여 어색할 수밖에 없는 것이다.

장고 끝에 과감히 베일을 생략하고, 대신 만화 속 캐릭터 같은 그녀의 이미지에 잘 어울릴 법했던 호스헤어horsehair 소재의 큼지막한 리본 장식을 헤드피스로 매치해보았다. 의외성이 보여준 결과는 당혹스러움이 아닌 신선한 자극이었다. 그녀의 똑단발 머리 위로 하얀 새 같은 리본이 명랑하게 올라붙자 '와우!' 하는 감탄사가 절로 외쳐지고 눈이 시원해졌다.

그러나 신부가 일반인이 아닌 대중의 시선을 의식해야 하는 연예인이라는 점에서 바윗덩이 같은 부담이 내 어깨를 짓눌렀다. 혹시라도 너무 생경한 신부의 모습으로 인해 그녀가 워스트 드레서의 수모와 가학적 악플에 시달리게 되는 건 아닌지 밤잠을 설치며 조마조마한 날들이 지나갔다. 비공개 예식이 치러진 다음 날 아침, 강혜정의 소속사에서 공개한 이 한 장의 사진으로 인해 나는 비로소 구원을 받았다. 치아교정 이후 갑자기 양산된 그녀의 안티들마저 단번에 호감으로 돌려놓을 만큼, 리본 스타일링에 대한 열광은 내 상상과 기대를 훨씬 웃도는 뜨거운 반응들이었다.

센세이셔널했던 이 한 장의 사진이 가져온 후폭풍은 정말로 힘이 세서, 올림머리 헤어스타일이 어울리지 않는 수많은 단발머리 신부를 긴 머리 강박에서 해방시켰다. 자유로운 웨딩 헤어에 대한 자신감을 갖게 해준 것은 물론이거니와, 어울리는지 안 어울리는지 전체적인 조화가 고

려되지 않은 채 공식처럼 착용하던 티아라 일변도의 신부 스타일링을 벗어던지는 계기가 되었다. 이후 한층 다양하게 선택의 폭이 넓어진 헤드피스들의 등장과 함께 과감한 소품 연출에 대한 시도를 가능케 했음은 물론이다. 이 리본 스타일링에 대한 대중의 수요가 생기니 수많은 유사품과 복제품이 양산되었고 '강혜정 리본'이라는 닉네임으로 시장에서 불티나게 팔리는 모습을 목격했다. 어디서든 그렇듯 프런티어는 아이디어만을 제공할 뿐, 돈은 카피캣들이 다 벌더라는 씁쓸한 진리 또한 이때 학습했다.

강혜정이 착용했던 진짜 '리본' 오브제는 베일과 모자 쿠튀리에couturier로 유명한 수전 뉴먼Suzanne Newman의 작품이었다. 전 세계적으로 몇 명 남지 않은 모자 장인 중 한 사람인 수전 할머니는 50년 동안 쉬지 않고 한 땀 한 땀 베일과 모자만 만들어온 진짜 장인이다. 45년 전, 지금은 웨딩드레스 디자이너로 유명해진 베라 왕의 결혼식 베일을 수전 할머니가 만들어주었고 그때부터 브라이덜 헤드피스로 작업의 영역을 넓히게 되었다고 한다.
뉴욕 맨해튼의 어퍼 이스트 사이드 61번가와 매디슨가 교차로 부근에 있던 그녀의 작은 부티크는 2011년에 근처의 파크가와 렉싱턴 사이의

도로변으로 자리를 옮겼다. 다양한 형태의 모자 틀과 각종 진귀한 소재들, 아름다운 빈티지 장식들로 가득한 그녀의 아틀리에는 영화 속 아르데코 시대의 모자 가게에 들어온 듯 환상적이었다. 출장으로 일 년에 두 번 뉴욕을 방문할 때마다 수전 할머니의 아틀리에에 주저앉아 그녀가 자랑스럽게 선보이는 각종 모자들과 헤드피스 장식들을 구경하다 보면 시간 가는 줄 모르고 귀부인 놀이에 빠져들곤 했었다.

몇 년 후 동생의 결혼 준비로 오랜만에 반갑게 재회한 그녀 옆엔 엄마 강혜정을 똑 닮은 딸 하루가 부쩍 자란 모습으로 함께 자리해서 더욱 감동적이었다. 본인의 결혼식으로 시작된 인연을 잊지 않고, 가족 행사인 동생의 결혼식뿐 아니라 내게 중요한 행사가 있을 때도 나를 격려하기 위해 찾아주는 고맙고 아름다운 사람이다.

이 예쁜 가족에게 조용히 응원을 보내는 것 외에 달리 고마움을 표현할 길 없던 차에 기회가 왔다. 지난 2019년 10월, 그녀의 결혼 10주년 기념일, 이날을 나는 오랫동안 기다렸다. 수없이 많은 드레스가 클리어런스 세일로 판매되거나 혹은 빈번한 피팅 후 폐기 처분되었지만, 그녀의 드레스와 하얀 리본은 고이 보관해왔다. 그 드레스와 리본은 그녀가 주인인 것만 같아서였다. 알콩달콩 행복했던 지난 10년간의 결혼 생활을 축하하며 나는 이 상자에 내 마음을 담아 드레스와 하얀 새 같은 리본을 넣어 그녀에게 보냈다.

사는 동안엔 앞으로도 매해 10월이 되면 필연적으로 나는 그녀를 추억할 것이다. 드레스와 리본 외 다른 교집합으로도 말이다. 그녀와 나는 결혼기념일이 같으므로.

액자 속 여인에게서
빌려 온 아이디어

2012년 8월, 서울, 한국

내 일터인 〈비욘드 더 드레스〉의 쇼룸 한쪽 벽면이 가득 차도록 큰 존 재감을 자랑하는 이 액자 속 사진은 패션 다큐멘터리 성격의 작업으로 유명한 사진가 K.T. Kim 선생의 작품이다. 방문 고객들이 궁금해하며 때때로 질문을 던지는 사진 속 주인공은 샤넬 쿠튀르 쇼의 백스테이지에서 런웨이를 향해 워킹을 시작하는 슈퍼 모델 캐롤리나 쿠르코바 Karolina Kurkova다. 케이티 선생의 사진집 〈올 댓 패션〉의 표지이기도 하다. 미풍에 나부끼는 스커트 자락과 아찔한 사이하이thigh high 부츠 룩은 몇몇 멋쟁이 신부들의 눈길을 사로잡으며 유사 아이템을 찾아보겠다는 다소 무리한 미션에 도전하게 만들기도 했다.

그러나 정작 내 눈길이 오래 머물며 나를 매료한 건, 사진 속 이국적인 배경도, 샤넬의 쿠튀르 룩도 아닌 모델의 머리 장식이었다. 포슬포슬 커다란 꽃송이 같은 장식의 재료는 무엇인지 궁금했고 어떤 형태로 만들어져 어떻게 헤어스타일에 세팅되었는지, 잠들어 있던 내 상상력을 깨워 행동하게 만들었다. 어떻게든 저 이미지를 응용한 헤드피스를 만들어 나의 신부에게 연출해보고 싶어 호시탐탐 기회를 기다렸다. 단 한 번도 본 적 없는 완전히 새로운 어떤 것을 시도해보기 위해.

다소 엉뚱한 이 열정이 신부에게 전해졌는지, 실체를 본 적도 없는 장식을 본인의 결혼식에서 연출하도록 선뜻 허락한 신부를 만나는 행운이 주어졌다. 꽃을 다루는 직업을 가진 신부여서 재료는 '꽃'을 사용해 구현해보기로 혼자 결정을 내렸다.

몇 번의 시도와 실패 끝에 제작 가능한 현실적인 방법을 터득하게 되었고, 그 결과 사진에서 보듯 신부를 위한 완벽하고 아름다운 머리 장식으로 실물 구현되었다. 플로리스트로 꽃을 많이 다뤄본 신부조차 선뜻 생화임을 믿지 못할 만큼의 견고한 완성도로 마무리되어 이걸 본 모든 이들의 말문을 막히게 했다.

가늘고 부드러운 와이어로 짜인 철망을 잘라내 동그랗게 형태를 만든 뒤, 화이트 카네이션과 수국의 꽃잎을 한 잎 한 잎 따내 살금살금 이어 붙였다. 촉촉함이 과해 짓물러져도 안 되고 반대로 물기가 너무 부족해 갈색으로 말라버려도 안 되는 예민하기 그지없는 소품이었다. 아이디어를 내고 아트디렉터를 자처하며 실행 키를 누를 뿐, 직접 만들어낼 능력이 없는 나는 플로리스트의 손을 빌려 끈덕지게 괴롭히고서야 만날 수 있었던 결과물이다.

이 어려운 제작 과정에도 불구하고 재활용이 불가능하니 단 한 번의 착용 후 가차 없이 버려져야 할 일회용 운명이라는 점에서 더욱 매력적이다. 더 특별한 것, 더 차별화된 것에 대한 열정으로 이후에도 여러 가지 다양한 형태의 브라이덜 헤드피스를 수없이 스타일링에 시도해보았으나 가장 독창적이었다고 스스로 칭찬하며 애착하는 장식이 이것인 이유이다.

혼자 보는 것이 아까웠고 이걸 자랑하고 싶어서 좀이 쑤셨다. SNS 활동이 활발하지 않던 시절이니 많은 사람에게 보여줄 창구가 마땅치 않았

다. 혼자만의 작업 기록으로 간직해오다 기회가 왔다. 약 2년 후 처음
기획해본 스타일링 쇼 무대에서 다시 한번 이 작업을 재현해 공개했다.

새로운 스타일링에 대한 고민은 늘 반복되는 일상이라, 이후에도 이 아
이디어는 유용했다. 가족과 소수의 하객만 초대되는 아담한 규모의 결
혼식이 늘어나자 치렁치렁 긴 베일을 대신할 만한 장식에 골몰하게 되
었다. 깔끔하게 정리된 올림머리를 튈 소재로 감싸고 실크 리본이 나풀
거리도록 늘어뜨린 오브제 장식으로 응용해보았다.
결과물만을 본 이들은 궁금해하기 마련이다. 이런 아이디어는 어떻게
얻느냐는 질문을 받을 때가 많다. 그럴 때 나는 주저 없이 '결핍'과 '잘 관
리된 콤플렉스'라고 일관되게 답한다. 아이디어의 출발이 된 사진이 샤
넬 오트 쿠튀르 쇼의 모습이므로, 파리 캉봉가의 샤넬 부티크에 주문해
사진 속 제품을 그대로 데려올 재력이 내게 있었다면 이런 창의적인 오
브제는 탄생하지 않았을 것이다. 가질 수 없는 것에 대한 욕망을 슬기로
운 열정으로 잘 다스리면 때때로 이런 보상이 따라온다.

믿음의 컬러
섬싱 블루(Something Blue) 더하기

개인적인 소명이 있어 전통 혼례를 올리는 경우가 아닌 다음에야 대다수의 결혼식은 모두 흰 웨딩드레스를 입고 부케를 든 모습으로 진행되는 서양식 웨딩이다. 양복이 우리에게 도입된 구한말 개화기 이후 한참이 지나고서야 대중화된 웨딩드레스와 서구식의 웨딩 문화는 원래 우리 것이 아니었기에, 그 의미와 상징에 대한 이해가 부재한 채 어느덧 자연스럽게 자리를 잡았다. 우리 것도 잘 모르는데 하물며 남의 나라 관혼상제에 대해 속속들이 알기는 어렵겠다만, 직업이 직업인지라 종종 유래와 기원을 더듬어보게 된다.

미국 결혼식에서는 'Something New, Something Old, Something Borrowed, Something Blue'라는 전통이 오랫동안 이어져 내려오고 있다. 이것은 신부의 드레스나 헤드피스와 오브제, 웨딩 슈즈, 주얼리 등 신부의 웨딩룩 구성 요소 가운데 '물려받을 만큼 오래된 것, 새로 장만한 것, 친구에게 빌린 것, 푸른색을 띤 어떤 것'이 하나씩 갖춰져야 행복한 신부가 된다고 믿는 전통이다.

결혼식에 이르는 과정이 담긴 영화나 미드에서 이 표현이 언급되는 경우가 자주 있는데, 출연 배우들을 회당 100만 불의 출연료를 받는 거물급 스타로 키워준 인기 미드의 효시 시트콤 「프렌즈」에서도 이 전통을 언급하는 장면이 있다. 모니카와 챈들러가 라스베이거스 카지노에서 즉흥 결혼식을 올리려고 할 때 모니카가 이 네 가지 물건이 필요하다며 관광객들의 기념품 가게에서 해당되는 물건을 찾아 헤매는 장면이다.

이 재미있는 전통의 출발은 영국이라고 하고 시기는 빅토리안 시대까지 거슬러 올라간다. 신부들이 이 네 가지 아이템을 웨딩룩에 모두 지님으로써 행복한 결혼 생활의 시작을 알리는 징표로 사용된다고 하니 하나씩 따로 다음 페이지에 정리해두었다.

두 소꿉동무가 같은 날 같은 장소에서 결혼식 계획을 잡는 바람에 머리채 잡고 싸우던 영화 「신부들의 전쟁」에서도 이 상징은 두 친구의 갈등 해소를 보여주는 중요한 소품으로 등장한다. 케이트 허드슨과 앤 해서웨이가 극적으로 화해하며 머리에 꽂아주는 작은 꽃 머리핀은 신부놀이를 하던 어린 시절의 그녀들이 보물 상자에 간직하던 둘만의 보물이었는데, 이 머리핀의 컬러가 블루다.

한국에도 엄청난 팬을 거느리고 있는 미드 「섹스 앤 더 시티」의 영화 버전에서도 파란색의 구두는 영화의 결말을 예고하는 중요한 복선으로 사용되었다. 이 영화가 개봉했을 당시인 2008년의 한국에선 '섬싱 블루' 전통에 대한 정보나 공감대가 거의 없었지만, 영화의 대히트에 힘입어 극 중 여주인공인 캐리처럼 웨딩슈즈로 블루 컬러를 선택하는 것이 유행처럼 번졌다. 그저 튀는 것 좋아하는 신부의 개인적인 취향이거나 좀 별스러운 유행인가 보다 여겨지며 한때의 트렌드처럼 받아들여지는 것을 자주 보아왔다. 혹은 (남자들의 표현으로) 여자들의 쇼핑 욕구를 부채질하는 허영기 가득한 미드에 등장한 명품 브랜드의 마케팅에 홀린 결과로 치부되곤 했었다.

잠시 영화 얘기를 해보자면, 미국의 케이블 채널 HBO의 사세를 일으켰다 할 정도로 메가톤급 성공을 거둔 동명의 드라마는 시즌 6로 마감하며 길고 긴 밀당에 종지부를 찍고 마침내 서로의 짝꿍임을 인정한 빅과 캐리의 재결합으로 종결되었다.

2008년에 개봉한 영화 버전의 도입부, 오랜 연인 빅이 캐리를 위해 다이아몬드 반지 프러포즈 대신 엄청난 규모의 옷장을 선물하는 장면에

새로운 물건(Something New)

새롭게 시작될 인생의 희망!

인생의 새로운 출발점에 선 신부가 신랑과 함께 가꿔나갈 새로운 결합의 영원한 지속과 결혼 생활의 행운, 성공, 밝은 미래의 희망을 상징한다고 한다. 대여 시스템으로 자리 잡힌 한국과는 다르게 자신의 웨딩드레스를 구입해야만 하는 서양의 신부들은 대부분 '새로운 물건'으로 웨딩드레스를 선택하지만 그 아이템이 꼭 웨딩드레스일 필요는 없다.

오래된 물건(Something Old)

신부의 친정 가족들과의 유대감과 가문의 연속성을 드러낸다고 한다. 엄마나 할머니의 소유였던 앤티크 주얼리나 베일, 머리 장식을 사용할 수 있고 오래되어 물려받은 손수건, 스카프 또는 레이스 조각 등도 포함된다. 레이스 조각은 웨딩드레스의 트레인 끝 안쪽 단에 꿰매어 붙이거나 부케 핸들을 감싸는 것으로 재활용해 사용하기도 한다.

빌린 물건(Something Borrowed)

행복한 결혼 생활을 하고 있는 친구나 가족에게서 빌려 오는 행복 에너지를 뜻한다. 신부에게 특별한 날인 결혼식과 언젠가 도움이 필요할지도 모를 미래의 날들을 위해 친구들과 가족들이 언제든지 곁에 있어주겠다는 것을 의미한다고 한다. '빌리는 물건'은 행복한 결혼 생활을 지속하고 있는 주변 지인으로부터 빌려야 할 테고, 그녀의 행복한 생활을 빌려준다는 상징으로서 새로 결혼하는 커플에게 행복이 전해진다는 의미도 있기 때문에 다소 신중을 기해야 할 것이다. 친구의 주얼리, 즉 목걸이나 귀걸이를 차용하는 방법이 있다.

푸른색 물건(Something Blue)

"Marry in Blue, Lover be True(파랑색을 입고 결혼하면 사랑하는 사람도 진실될 것이다)"라는 문장에서 보이듯이 19세기 말 이전엔 웨딩드레스로 블루 컬러가 가장 인기가 있었다고 한다. 핑크도 그린도 아닌 하필 '블루'인 것은 푸른색이 믿음과 신의의 색이라는 점 때문이다. 서로에 대한 신뢰와 충성심을 상징하므로, 새롭고 오래되고 빌린 물건들보다 가장 우리들의 호기심과 차용 욕구를 종용하는 요소는 대개 '섬싱 블루'다. 주로 흰색이 지배적인 웨딩룩의 전체적인 요소들 중 컬러로 드러나 시각적 자극이 크기 때문에 영화와 드라마에서 종종 중요한 복선이나 갈등을 해결하는 단서로 사용되는 경우가 많다.

서 캐리는 쇼핑백에 들어 있던 구두를 꺼내 슈즈 선반에 살포시 올려두고 나오는데 그 컬러가 바로 블루다. 핑크도 아니고 그린도 아니고 골드 컬러도 아닌 하필 블루인 건 이 영화의 결말을 위한 복선 장치였기 때문이다. 다름 아닌 Something Blue를 암시했던 것.

영화 중반부, 결혼식에 나타나지 않은 빅의 우유부단함에 상처 입은 캐리는 도로에서 마주친 빅에게 웨딩 부케를 휘둘러 사정없이 후려친다. 아름다운 부케가 길바닥에서 처참히 짓이겨지는 이 장면에서 주인공 캐리에게 감정이입을 했던 많은 여성이 탄식하며 함께 마음 아파 했으리라.

그러나 영화 초반부에서 Something Blue의 복선을 알아차렸던 나는, 결국 그들의 결혼식은 치러질 것이고 이 영화는 캐리와 빅의 결혼식으로 해피엔딩이 되겠다고 예견했다. 그래서 여주인공에게 감정이입을 하는 대신, 와글와글한 맨해튼 한복판에서 이 장면을 촬영할 때 인파와 교통 통제가 얼마나 힘들었을까, 이 장면을 몇 테이크나 촬영했을까만을 가늠하며 흥미진진하게 지켜보았을 뿐이다.

이 장면에도 캐리의 머리 위 화려한 깃털 장식은 '블루'다. Something Blue의 의미를 모른다면 웨딩룩에 왠 생뚱맞은 푸른색인가 싶을 것이다. 울며불며 절규하는 캐리를 만류하는 절친 미란다의 드레스도 눈이 시리도록 파란색. 이렇게 슬쩍슬쩍 드러낸 파란색은 모두 감독과 아트 디렉터가 의도한 것이 분명하다.

우여곡절 끝에 결국 그들은 서로에게 돌아오고, 모든 갈등이 봉합되며 재회하게 되는 장소는 다름 아닌 신발장 앞이다. 캐리가 두고 갔던 그 블루 슈즈를 신겨주며 빅은 무릎을 꿇고 다시 한번 그녀에게 청혼한다. 예상했던 대로 그들이 결혼식을 올리며 영화는 로맨틱한 해피엔딩으로 끝맺음되었고, 시청에서 소박한 결혼 서약을 마친 후 나온 이 커플이 사랑의 키스를 나눌 때 카메라가 천천히 아래를 향해 클로즈업하는 건 캐리의 'Something Blue'이자 화해와 청혼의 소품으로 사용되었던 블루 슈즈다.

이렇듯 이 전통을 알고 나면, 영화나 미드에 등장하는 Something Blue가 마치 숨은 그림 찾아내듯 눈에 날아 들어오고 스토리의 맥락을 이해하는 데 도움이 된다.

Something Blue를 지니는 방법은 여러 가지로 응용이 가능하다. 서양에서 가장 많이 애호되던 아이템은 우리에겐 다소 생소한 '가터벨트'*. 또는 반지 교환을 위한 링 필로우, 혹은 링 필로우의 반지를 묶는 리본 같은 것으로도 얼마든지 대체가 가능하다.

영화 〈섹스 앤 더 시티〉의 영향으로 블루 웨딩슈즈에 대한 호감도가 높아져가던 중 〈비욘드 더 드레스〉의 오픈 7주년을 맞은 2015년 12월에는 나와 인연을 맺은 예비 신부들에게 블루 웨딩슈즈를 선물하는 이벤트도 해보았다.

그리고 〈비욘드 더 드레스〉와 웨딩드레스로 인연을 맺는 모든 신부들을 위해, 결혼식 날 푸른색 자수의 손수건을 선물하고 있다. Something Blue 전통을 위해서만이 아니라, 예식 도중 혹시라도 신부의 눈물을 보게 될 경우에 대비해 신랑의 재킷 안주머니에 넣어주는 조용하지만 우아한 서비스다. 〈비욘드 더 드레스〉를 추억할 수 있는 작은 기념품인 동시에 신랑의 포켓 치프로도 활용이 가능하다.

Something Blue이건 아니건, 누군가의 축복과 사랑의 의미가 담긴 징표를 결혼식 날 몸에 지니는 것은 행운의 부적으로 작용하지 않겠는가. 한국에는 없는 전통이지만 혹시라도 엄마나 할머니로부터 물려받아 사용하거나 간직해오던 소중한 물건이 있다면 결혼식의 Something Special로 사용해보는 것도 멋진 일이 아닐는지.

개인적으로 가장 가슴 뭉클했던 기억은, 나의 고객이었던 어떤 신부가 돌아가신 친정아버지의 사진을 드레스 안의 속치마 자락에 살포시 달아매며 "아빠- 우리 함께 입장해요, 난 아빠와 함께예요…"라고 속삭였던 것. 결혼식을 특별하게 만드는 마법은 바로 이런 것이다.

그레이스 켈리의
헤드피스

2018년 11월, 서울, 한국

결혼을 결심한 후 양가의 부모님을 모시고 상견례를 하며 결혼식 날짜가 정해지면 가장 먼저 신부들의 로망을 부추기는 것이 웨딩드레스 투어다. 예비 신부가 되어 드레스 숍을 방문하는 신부들 혹은 그녀의 어머니들이 십중팔구 우선적으로 선망하는 절대적 이미지는 시대를 초월한 아름다움과 우아함의 대명사인 모나코의 왕비 그레이스 켈리의 모습이다. 대다수가 꿈꾸는 로망일수록 현실화가 어려운 경우가 많다. 뒤집어 말하면 도달하기 어려우니 모두의 로망으로 자리 잡지 않았을까. 그런 면에서 모나코 왕비의 이미지는 예비 신부들의 판타지인 동시에 크나큰 좌절감을 안겨주는 범접하기 어려운 룩이기도 하다.

군주제 국가들의 로열웨딩은 언제나 호기심을 유발하지만, 아쉽게도 내게 시각적 영감을 선사한 공주님들은 모두 20세기 저편에 존재해서 나는 왕가의 기품이 넘치는 그녀들을 주로 책과 다큐멘터리로 만났다. 종종 엉뚱한 곳에서 발현되는 나의 덕후 기질은 대다수의 신부들이 선망하는 그레이스 켈리의 웨딩룩에서도 예외 없이 발동했다. 내 욕망이 날아가 꽂힌 것은 대부분의 예비 신부가 주목하는 드레스가 아니라 헤드피스였다는 데서 내 덕력이 증명된다. 할리우드의 배우이자 당대 톱스타였던 그녀의 작은 두상과 완벽한 이목구비를 더욱 강조해준 레이스 캡은 나를 홀렸고 한번 마음을 사로잡히니 떨쳐내기 어려웠다.

태어날 때부터 인터넷이 존재했던 지금의 세대들과 달리, 나는 궁금하면 일단 책에서 자료를 찾기 시작하는 옛날 사람이다. 그녀의 웨딩룩에 대한 뒷이야기들뿐 아니라 대체 어떤 구조로 어떻게 생겨먹었는지 궁금해 미칠 지경이었던 나는 몇몇 경로를 통해 드레스뿐 아니라 내가 그토록 들여다보고 싶었던 헤드피스의 상세 도해가 담긴 책을 찾아냈다. 기대했던 대로 책은 흥미진진했다. 문제는 상세 도해를 보고 나니 다른 욕망이 부글부글 끓어올랐다는 데 있다. 실물에 가깝게 고증해서 재현해낸 현물이 갖고 싶어졌다. 한번 솟아오른 소장 욕구는 쉬이 가라앉지 않았다. 믿는 구석이 있었기 때문이기도 했다. 그 믿는 구석이란 뉴욕에 근무하던 시절에 알게 된 모자 쿠튀리에 친구다. 〈비욘드 더 드레스〉의 창업으로 각종 헤드피스를 제작 의뢰하며 오랜 시간 인연을 맺어온 뉴욕의 밀리너리millinery 아티스트인 친구에게 만들어달라고 졸라볼 심산이었다.

책에 나온 자료대로 철저히 고증해서 만들어달라는 내 주문에 모자 쿠튀리에가 아연실색했지만, 덕후가 덕후의 마음을 이해한다고 그녀 또한 장인으로서의 열정에 발동이 걸렸다. 우리는 제작 비용도 서로 확인하지 않은 채 이 헤드피스를 재현하는 작업에 착수했다.

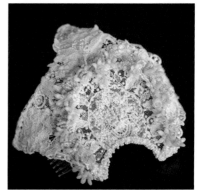

자재를 구하는 것부터 쉽지 않았다. 헤드피스의 정수리를 아름답게 장식하고 있던 작고 반짝이는 꽃들은 알고 보니 왁스 플라워wax flower였는데, 요새는 이 재료를 구할 수 없다는 답이 돌아왔다. 친구의 지인까지 동원해 수소문한 결과 프랑스의 한 빈티지 딜러로부터 공수받은 재료는 그 자체로 진귀한 아름다움을 품고 있었다. 왁스 플라워와 벨기에산 레이스가 준비되자 공예가의 수작업에 속도가 붙었다. 완성작은 책 속의 사진에서 튀어나온 듯 매우 흡사한 외형으로 날 감동시켰고 그간 우리의 덕질을 보상했다. 기절할 만한 비용은 언급하지 않으련다. 내게 명품백 쇼핑 이상의 허영심을 채워주었을 뿐 아니라 아트피스로서도 소장 가치가 충분하니 말이다.

옆의 사진이 그녀가 만들어낸 자랑스러운 결과물이자 내가 소장하고 있는 현물이다.

저 올망졸망한 꽃 장식이 바로 단순한 조화가 아니라, 모나코 왕비 마마의 웨딩 헤드피스에 있던 장식과 똑같은 재질의 왁스 플라워들이다.

작은 충격에도 금세 부서질 수 있어 백자 항아리 모시듯 완충재로 포장해 별도로 보관하고 있다. 아트피스 컬렉터들이 자신만의 비밀 수장고를 갖고 있듯, 나만의 보물들을 차곡차곡 쌓아두는 그런 은밀한 보관 공간에 말이다. 그레이스 켈리 코스프레를 간절히 원하는 어떤 신부를 만나게 되는 순간을 기약하며.

재현해냈고 소장했다는 만족감은 머잖아 다른 욕구를 또 스멀스멀 피워 올렸다. 이 소장품을 예비 신부들에게 구경시키며 뽐내고 싶었다. 아름다운 물건에 담긴 열정이 누군가를 자석처럼 끌어당겼는지, 고이 잠들어 있던 이 헤드피스에 마음을 뺏긴 신부가 나타났다. 제작과 소장이라는 나 혼자만의 욕구가 충족된 지 수년이나 지난 후에야 자력이 생긴 듯 그녀를 내게로 데려왔다. 그녀 역시 그레이스 켈리의 이미지를 꿈꾸는 많은 예비 신부 중 한 사람이었다. 조금 달랐던 점이 있다면 대개 결혼식을 앞두고 떠올리는 이미지인 데 반해 그녀는 어린 시절부터 마음에 품어온 오랜 꿈이었다는 데 있다. 나는 그녀의 오랜 판타지를 실현해줌과 동시에 나의 자랑스러운 소장품을 짜잔 선보이고 싶었다. 수장고에서 꺼내 진짜 신부의 머리에 얹으며 그간의 스토리를 들려주고 싶었다.

오밀조밀한 이목구비와 뽀얀 피부를 가진 그녀의 작은 두상에 레이스 캡이 살포시 얹히는 순간, 짜릿함이 밀려왔다. 그레이스 켈리의 오마주는 주효했고 아름다운 그녀의 모습은 내 소장품에 대한 가장 멋진 헌사였다.

그녀를 만난 덕에 진가를 발휘할 수 있었던 또 하나의 오마주 아이템은 성경책이었다. 성 니콜라스 성당에서 모나코 주교의 집전으로 혼인성사가 진행되는 동안 그레이스 켈리가 부케와 함께 꼭 쥐고 있던 레이스 커버의 자그마한 성경책을 그녀의 손에도 들려주고 싶었다. 가톨릭은 아니지만 기독교식의 예배로 진행될 결혼식에서 이 또한 적절하게 어울릴 소품이라고 생각했다. 그녀가 구입해 온 프티 사이즈의 성경책을 아이보리 실크로 덮어씌운 후 레이스 모티프들을 아플리케로 덧붙이고 진주를 알알이 수놓았다. 박물관의 문화재 복원 전문가라도 된 양 공들여 한 땀 한 땀 제작하는 과정 중에 맛본 행복감은 덕후들만이 공감하리라.

어린 시절부터 간직해왔다는 누군가의 로망을 실현해줄 수 있을 때, 나의 이 일은 돈으로 치환할 수 없는 성취감을 보상으로 선사한다. 동화 속 요정 할머니가 선물한 호박 마차는 현실에 존재하지 않지만, 그녀는 적어도 이 순간만큼은 공주님으로 환생한 듯했다.

남의 나라 왕비 코스프레를 뭣하러 동경하느냐 의아해할 누군가의 이해를 애써 구하지 않겠다. 나의 판타지가 모두의 로망일 수 없으니. 그러나 돌파구 없는 치열한 삶을 살아야 하는 우리 어른들에게도 때로는 동화가 필요하다. '신부'라는, 다시 오지 않을 한때의 신분을 얻은 여인들에겐 더더욱.

부케의 변신은
어디까지 가능할까

뉴욕에서 다니던 직장에 호기롭게 사직서를 던지고 한국으로 돌아와 창업했던 2008년 당시, 서울의 꽃시장에서 구할 수 있는 꽃은 너무도 단조로웠다. 미국에서 보던, 형태도 컬러도 다채롭고 진귀한 꽃들은 찾아볼 수 없어 당황스러웠다. 나중에야 그 이유를 어렴풋이 짐작하게 되었는데, 화훼 작물 또한 농작물에 속하니 오래전 쌀 개방을 반대한 시위의 역사가 떠올랐던 것이다. 쌀 농가를 위해 그러했듯 국내의 화훼 농가를 보호하기 위해 꽃도 어느 정도는 보호무역 아이템으로 분류되지 않았나 싶다.

2006년 1인당 국민소득 2만 달러를 돌파한 후 2018년 3만 달러를 돌파하며 선진국과 어깨를 나란히 하게 된 한국도 국민소득의 증가와 함께 꽃 소비도 조금씩 늘어나기 시작했다. 그래도 아직은 일상을 위한 꽃 수요가 아니라 경조사, 특히 웨딩에 집중되어 있다. 일부 최상류층의 전유물이었던 호텔 웨딩의 형태가 중산층까지 확산되며 꽃 장식에 대한 관심이 높아졌다. 입도선매가 가능한 호텔들을 필두로 수입 꽃들의 수요가 늘어나기 시작했고 동시에 꽃 도매시장에도 다양한 꽃들이 선을 보이기 시작했다.

다양성에 대한 내 집착은 12년 전인 2009년 배우 강혜정의 웨딩룩을 스타일링하며 가드닝에 주로 사용되던 히아신스로 부케를 만들었던 것에서 시작되었던 듯하다. 그 집착은 2013년 배우 이민정의 결혼식 부케를 준비하며 더욱 집요해졌다. 그녀의 결혼식은 더위가 본격적으로

시작되는 8월 초였고 하필 8월 5일 시작된 꽃시장의 여름휴가 기간과 맞물려서 아무리 예쁜 꽃의 조합으로 기획을 한들 조달이 불가능할 상황이었다. 주어진 상황에서 최선의 선택으로 내가 떠올린 꽃은 '가데니아gardenia'였다. 빈틈없이 예쁜 얼굴의 배우 이민정의 이미지와 잘 어울릴 것 같았고 유백색의 고고해 뵈는 꽃송이에서 기품과 도도함이 느껴져서 좋았다. 우리말로는 '치자꽃'인 가데니아는 재스민 계열의 꽃으로 향기가 좋아 향수의 원료로도 사용된다.

치자꽃은 어차피 나무에서 피는 꽃이므로 과천의 화훼 농장으로 플로리스트와 발품을 팔았다. 피고 지는 시점을 내 맘대로 조절할 수 없는 데다 한 화분에서 예쁜 얼굴의 꽃을 한두 송이밖엔 건질 수 없어서 플로리스트를 파주의 농장까지 파견 보내 쓸어 모은 화분은 총 80여 개. 여름 꽃인 건 맞지만 피고 지고를 반복하니 언제 또 꽃들이 얼굴을 내밀어줄지 몰라 마음을 졸여야 했다. 여름 꽃임에도 불구하고 직사광선에 약해서 두어 시간만 들고 있어도 조명에 많이 노출된 부분은 꽃잎의 가장자리가 타들어가기 시작한다. 이건 나무에서 피는 꽃들을 절화로 사용했을 때 감당해야 할 까칠한 특성들 중 하나이기도 하다.

2015년 7월 마지막 주였던 배우 박수진의 결혼식 때도 상황이 비슷했다. 장마와 폭염, 7월 말에서 8월 초에 걸친 꽃시장의 여름휴가로 악조건이 겹쳐 예쁜 꽃들이 귀한 시기였다. 드레스의 최종 결정 순간에 지나가듯 무심히 던진 신부의 한마디, "그냥 심플하게 꽃 한 송이 들고 해도 좋겠다…"라는 조용한 독백이 귀에 꽂히는 순간, 아 이걸 해야겠구나 하고 결정하게 된 그녀의 부케는 '멜리아 부케melia bouquet'였다. 색이 고운 케이라 로즈Keira Rose의 꽃잎을 한 장 한 장 따낸 후 가운데 한 송이를 중심축으로 차례차례 돌려가며 꽃잎들을 이어 붙여 커다란 꽃 한 송이가 만개한 듯 표현하는 것이 핵심이다. 다른 부케도 마찬가지겠으나, 플로리스트의 손맛이 결과물의 완성도를 크게 좌우하니 엄청나게 노동집약적인 작업이다.

연예인의 결혼식은 소속사에서 보도자료로 사진을 공개하는 경우가 많다 보니 그녀들의 손에 들릴 부케는 더욱 신경이 쓰였다.

2017년에 결혼한 배우 이시영의 부케를 위해 선택한 '안스리움 anthurium'은 이전까지는 신부들의 부케에 잘 사용되지 않아 생소한 꽃이었다. 지나치게 이국적인 외형으로 호불호가 극명하게 나뉘긴 하지만, 어떤 컬러로 어떤 소재와 조합해 어떤 형태로 재구성하느냐에 따라 변신의 폭이 크다. 재투성이 아가씨를 신데렐라로 탈바꿈시킨 요정 할머니라도 된 듯 결과물에 큰 성취감을 맛보게 해주는 재료들은 로즈나 튤립처럼 신부들에게 한결같이 사랑받는 꽃들이 아니다. 꽃시장의 구석자리에서 사람들의 눈길을 끌지 못하던 생소한 꽃들을 발견하고 그 아름다움을 찾아내는 시도뿐 아니라, 형태감에 대한 연구도 내게 늘 도전 과제였다.

오른쪽 페이지 사진은 2017년의 스타일링 쇼에서 선보였던 새로운 형태의 부케다. 드레스의 구조적 아름다움이 돋보이도록 '선line'을 강조한 형태로 묶어 매치했는데, 다소 아방가르드한 드레스의 스타일을 정돈해준 멋진 작품이었다. 위아래의 구분이 딱히 없는 저 형태가 아주 마음에 쏙 들었던 나는 더 풍성한 볼륨과 다채로운 컬러들로 실험을 멈추지 않았고 실제 신부들의 예식에서도 활용했다. 나는 이 형태의 부케를 내 맘대로 '클러치 부케'라 명명했고, 바로 옆 사진은 2018년 6월의 신부가 결혼식장에서 들고 있는 모습이다. 이후로 소재와 꽃의 종류, 형태 또한 다양하게 변주되며 발전되어가는 이 부케의 다른 버전들은 소셜 네트워크 채널에 자주 출몰했다. 심지어 더 예쁜 버전들도 심심찮게 나타난다. 획일화된 형태에서 벗어날 수 있도록 선택의 폭을 넓히는 데 일조한 것만 같아서 다른 감성과 이미지를 제안하고자 하는 노력을 멈추지 못하겠다.

클러치 부케의 확산에 용기백배해 2018년의 스타일링 쇼에서는 토트

백을 든 것 같은 타원형의 리스 부케wreath bouquet를 모델의 손에 쥐여주었다. "마치 'bag'을 든 것처럼"이라는 이 쇼의 부케 콘셉트답게 실제 내가 들고 다니던 토트백의 가로 세로 사이즈를 재서 비례감을 참고했다. 아래 사진은 실제 신부의 웨딩 촬영인데, 예상을 벗어난 독특한 형태의 아름다운 부케를 보고 눈을 빛내며 기뻐하던 신부의 모습은 준비하는 과정에서의 수고를 보상하고도 남았다.

대부분의 경우 신부의 손에 살포시 쥐어져 있을 부케를 손이 아닌 다른 위치로 보낸 스타일링도 있었다. 드레이핑의 묘미를 구조적으로 잘 살린 소매가 한쪽에만 달려 있는 좌우 비대칭의 이 모던한 드레스(옆 페이지)에는 어쩐지 부케를 들고 있는 모습이 성에 차지 않았다. 더 근사하고 매력적인 다른 방법을 찾고 싶었다. 소매가 없는 쪽의 어깨에서 등 뒤로 흘러내리는 플라워 코르사주를 툭 걸쳐보았다. 부케를 꼭 손으로만 쥐란 법은 없지 않을까? 2부식이나 피로연, 파티처럼 즐기는 스몰웨딩에 적용해볼 만한 스타일로 제안했던 것이 2017년의 스타일링 쇼에서였다.

나는 실제로 이걸 꽤 여러 차례 해보았다. 한복 대신 드레스를 입은 신부의 어머니, 칵테일 드레스를 입은 신부의 자매들을 위해 가슴 한복판의 코르사주 대신 어깨를 타고 우아하게 흐르는 낭창스러운 형태로 만들어 얹어주곤 했다. 스타일링에 방점을 찍고 화룡점정을 더한 부케들과 꽃 장식들은 모두 플로리스트의 손을 빌려야 하니, 함께 작업을 하는 그녀들은 나의 이런저런 엉뚱한 상상과 온갖 까탈을 언제나 묵묵히 결과로 보여주는 가장 믿음직한 서포터들이다.

2018년의 스타일링 쇼에서는 가든 웨딩 스타일의 부케를 표현하는 데 신경을 썼다. 플로리스트의 손끝에서 풍성하게 흐드러져 꽃다발처럼 완성된 형태감은 언뜻 보면 대충 잡아 그려진 듯 보이지만 실상은 굉장한 내공이 필요한 스타일이다. 타샤 튜더 할머니의 정원에서 무심히 툭 툭 꺾어 온 듯 빈티지한 컬러감이 잘 표현된 부케들은 자연스러운 형태를 점점 더 선호하게 된 신부들의 기대와 맞아떨어져, 그 이후 웨딩 촬영을 위한 기본적인 소품으로 자리 잡았다.

누구나 예측 가능한 부케로는 만족하지 못했던 2019년의 스타일링 쇼에서는 초소형의 부케를 선보였다. 프랑스어인 부케가 본디 '꽃 묶음'을 뜻하는 단어이니 크건 작건 사이즈는 문제 될 게 없지 않을까. 옆 페이지의 사진에서 보이는 마이크로 미니 사이즈의 이 부케는 꽃반지의 형태로 만들어 연출했다. 물론 이것 역시 제작에 따른 노동의 수고는 함께 일한 플로리스트가 전적으로 떠안아야 했지만 말이다.

이 드레스들의 경우, 웨딩룩으로 비교적 접근이 쉬워 보이는 스타일들이었다. 누구나 시도해봄 직한 무난한 아름다움도 적절히 끼워 넣어야 한다. 드레스 자체를 있는 그대로 보여주고 싶어서 과한 장식을 배제하고자 했었는데, 풋풋한 사랑의 언약이자 증표처럼 보이는 풀 꽃반지를 끼우니 담백한 스타일링으로 완성되었다.

마이크로 미니 사이즈의 대척점으로 자이언트 사이즈의 꽃다발도 이때의 스타일링 쇼에서 함께 등장시켰다. 한결같은 부케 사이즈에 변화도 주고 싶었고, 자칫 지루해질 수 있는 쇼 중반부에 주목을 좀 끌고 싶었는데 의도대로 잘 맞아떨어졌던 듯하다. 자기 몸집만 한 사이즈의 꽃다발을 옆구리에 낀 모델이 등장하자 객석 일부에서 작은 탄성이 들렸다는 목격자들의 증언이 전해졌다. 특히 늘 많은 신부를 만나고 진행해야 해서 새로운 비주얼 자료에 갈증이 많은 웨딩플래너들의 지목을 많이 받은 스타일링이었다.

스타일링 쇼에서뿐 아니라 실제 고객인 신부들과의 웨딩 촬영에서도 곧잘 내 상상력과 엉뚱함이 발현되곤 한다. 테니스로 인해 맺어진 커플을 위해 테니스 코트에서 야외촬영을 진행하기로 했으니, 신랑이 신부에게 선물한 테니스 라켓이 당연히 중요한 소품으로 채택됐다. 그걸 그냥 사용하기 아쉬워서 쓱쓱 러프 스케치로 플로리스트에게 슬그머니

아이디어를 건네보았다. 오른쪽 사진은 내 발랄한 아이디어에 응답해 멋진 실물로 구현해낸 플로리스트의 결과물이다. 핸들에서 하얀 리본이 나부끼던 실물은 신부의 손에 쥐어져 더욱더 예뻤다. 테니스 경기의 점수에서 0점을 LOVE라고 부르니 이래저래 웨딩 촬영과 잘 어울리는 콘셉트가 아니었나 싶다.

'저런 아이디어는 어떻게 생각했는가?'는 주변인들로부터 많이 받는 질문 중 하나이다. 나는 지극히 평범한 범재의 카테고리에 속하는 사람이므로, 쌈박한 아이디어들이 화수분처럼 늘 샘솟을 리 없다. 대개의 경우엔 아이디어 서랍에 저장해두었던 자료들을 토대로 상상력을 발휘한다. SNS에 범람하는 이미지들 탓에 다양성을 잃고 엇비슷한 형태로 평준화되는 환경에서 발상의 전환은 필수다.

그래서 오늘도 나는 이케바나 책을 뒤적이고 패션 인플루언서의 머리에 둘러진 알록달록한 스카프 터번과 패션쇼의 런웨이에 등장한 요란한 목걸이를 보며 풀과 꽃으로 그것들을 재현해볼 공상을 멈추지 않는다. 사실 생각대로 되지 않는 경우가 더 많지만 실패한들 뭐 어떤가. 와글와글 아무렇게나 떼로 모여 있어도 꽃들은 늘 예쁘게 마련이니.

용어 설명

책에 사용된 용어들 가운데 일반인들에게 다소 생소한 단어에는 * 표시를 하여 설명을 덧붙였습니다.

- 가먼트(garment) : 프랑스의 베트망(vêtement)에 해당한다. 직역하면 '의복 일체'라는 뜻. 미국에서는 '어패럴'과 같은 뜻으로 사용하기도 한다.
- 가먼트 백(garment bag) : 의복을 구겨지지 않고 효과적으로 운반하기 위해 비단, 비닐, 플라스틱, 피혁 등의 소재로 만든, 가볍게 들고 다닐 수 있는 가방의 일종. 주로 여행 가방으로 많이 사용된다.
- 가터벨트(garter belt) : 스타킹이 흘러내리지 않도록 매는 띠.
- 드레이핑(draping) : 인체나 인체 모형에 직접 천을 대고 마름질하는 방법.
- 라펠(lapel) : 재킷이나 코트 따위에서의 접은 옷깃.
- 머메이드 라인(mermaid line) : 이브닝드레스와 같이 타이트 스커트의 단을 끊어서, 인어의 꼬리처럼 느낄 수 있도록 한 플리츠나 플라운스를 붙인 실루엣을 말한다.
- 부토니아(부토니에르 Boutonnière) : 남자의 정장 또는 턱시도 좌측 상단에 꽂는 꽃이다. 주로 장신구로 쓰며, 오페라, 무도회, 결혼식 등과 같은 행사에 꽂는 것이 일반적이다. 부토니아는 신랑의 구혼에 대한 승낙의 표시로서 신부의 부케에서 뽑아 양복의 가슴에 꽂는 것이 시초라고 알려져 있다.
- 베뉴(venue) : (콘서트, 경기, 웨딩, 전시, 파티 등의) 행사 장소.
- 블러셔(blusher) : 얼굴을 가리는 베일. 흔히 페이스 베일이라고 부른다.
- 업두(updo) : 업스타일(의 머리), 올림머리
- 초커(choker) : 목에 꼭 끼는 목걸이. 목에 알맞게 감기는 목 장식. 목에 감는 보석을 배합한 주얼드 칼라, 목에 감는 가느다란 목도리도 초커라고 일컫기도 한다.
- 튈(tuile) : 견, 면, 인조 섬유를 기계 편직하여 그물처럼 만든 피륙. 모자나 드레스의 트리밍, 장식용 레이스를 만드는 데 쓰인다.
- 티 렝스(tea-length) : 정강이 정도로 내려오는 스커트의 길이.
- 티아라(tiara) : 작은 왕관.
- 커머번드(commerbund) : 폭이 넓고 꼭 맞는 새시 벨트의 일종이다. 회교계 제국의 남자용 띠인 카마밴드(kamarband)에서 유래되었다. 주로 남성용 턱시도를 입을 때 쓰이지만 여성복에도 응용되고 있다.
- 코르사주(corsage) : 여성이 가슴이나 앞 어깨에 다는 꽃다발.
- 핀턱(pintuck) : 핀처럼 좁게 잡은 주름을 말한다. 블라우스나 드레스의 장식 기법.
- 헤드피스(headpiece) : 머리에 쓰거나 두르는 장식.
- RSVP : 참석 여부를 회신해주는 용어이다. 불어의 본래 뜻은 회답해주시기 바랍니다(Répondez S'il vous Plaît).

마치며…

패션 전문 기업에서의 오랜 이력만을 믿고 2008년 〈비욘드 더 드레스〉라는 웨딩드레스 편집매장을 오픈한 지 어느덧 12년의 시간이 훌쩍 지나갔다. 스타일 프런티어인 동시에 고된 자영업자인 지난 시간들은 결코 녹록지 않았지만, 블로그를 통해 차별화된 웨딩룩 스타일링에 대한 글과 사진들로 예비 신부들과 소통하며 큰 보람을 맛보았다.

팬데믹은 다방면으로 사회적 환경 변화에 가속을 붙였다. 대체로 보수적이었던 혼례 문화도 예외는 아니었다. 작아지는 결혼식 규모의 변화 추세와 더불어, 학습이 불가능한 일회성의 이벤트라는 특수성 때문에 어려움을 느끼는 예비 커플들을 더 빈번하게 만나게 되었다. 개성과 의미를 담은 '작지만 특별한 결혼식'을 만드는 과정에서 내가 경험한 에피소드들과 기획 노하우를 공유하는 것이 이 책에 담은 바람이다.

일상을 집어삼킨 바이러스 창궐의 상황에서 글을 모으고 다듬고 새로 쓰기 시작했다. 고마운 이름들을 일일이 열거하지 않으려 하였다. 그러나 자식을 앞에 두고 쿨한 엄마 되기 어렵듯, 처음이자 마지막이 될지 모르는 자식을 세상에 내놓으려 하니 어쩔 수 없이 고마운 사람들의 얼굴이 스친다. 나이를 뛰어넘은 우정으로 늘 내게 영감을 주는 경민, 그녀가 없었다면 시작하지 못했을 것이다. 시작이 반이라는 말은 옳았다. 어려운 시간들을 함께 통과했던 세은, 부추김이라는 힘센 지렛대로 나를 번쩍 들어 올려 계속 쓰게 만든 문희, 이 세 여인들에게는 우정 이상의 감사함을 전하고 싶다. 찬탈당했던 봄, 징벌의 시간을 견디며 잉태한 자식을 그럴듯한 사람으로 만들어주신 이숲 출판사 김문영 대표님과의 첫 만남을 잊을 수 없다. 마지막 감사의 인사는 마땅히 그분의 몫이다.

아무리 못난 자식이라도 제 어미 눈엔 귀하디귀한 애기씨이듯, 고슴도치 어미가 되어 이 책을 세상에 내놓는다. 함께 일하는 동료들에게는 많이 부끄럽다. 손 많이 가는 중학생 딸 같은 아내를 늘 살뜰히 챙기고 격려하는 남편에게, 그리고 이 책의 영감이 된 나의 모든 신부들에게 이 책을 바친다.

2021년 여름,
이영아

Photo Credit

눈부신 재능의 작업물과 아름다운 사진들을 제공해주신 모든 분들께 깊이 감사드립니다.

21그램 | p.175
꿀.건.달. | p.172
그랜드 하얏트 호텔 서울 | pp.104,171
김두하 사진작가 | pp.96,98,99
누벨이마주 | pp.105,114,119,215
더블라썸 | pp.113,116,118,119,192,193,232,233,234
레리치 | p.110
루트 스튜디오 | pp.113,215
마리 스튜디오 | p.108
버터컵 베이커리 | pp.199,202,203
비비비엔 | pp.227,229
소울페이지 | pp.10,14,24,28,31,33,46,48~54,56,60~85,101,103~105,107,108,110,132,171,173,174,180~184,199,202,235
스타일지음 | pp.192~194
스튜디오 헤이스 | pp.88,92,120,121,127,235~239
시그니엘 호텔 서울 | pp.126,202
애스톤 하우스 | pp.149,152,153
엘리제 플라워 | pp.60~63,100,103,104,214,231~235
엘트라바이 | pp.98,99
오중석 스튜디오 | p.126
오즈룸 | p.200
온보담 | p.175
요엠핸즈 | pp.60,61,180,189
이정은 도예가 | p.155
이제민 포토그래퍼 | pp.157,162,164~166,168,169
인스파이어드 바이 조조 | pp.80,82,181,182,235~238
일러스트레이터 김선정 | p.59
장재민랩 | pp.70,79
제이유스냅 | p.135
청 스튜디오 | p.140
카마 스튜디오 | pp.152.153,209,232
캘리그래퍼 고희영 | p.181
타라 스튜디오 | pp.138,142~145
판타스틱 국수 | p.171
K.T. Kim | p.212
Robert J. Hill | p.160
Suzanne Newman | p.210

Copyright
ⓒ eden9 | p.18
ⓒ royal collection trust | p.122
ⓒ 연합뉴스 | p.230

SPECIAL THANKS TO :

강혜정 + 이선웅 ｜ 구자연 + 한혁수 ｜ 김경희 + Patrick Tayah ｜ 김민선 + 홍주일 ｜ 김선정 + Ricardo Delgado ｜ 김유정 + 백학선 ｜
김은비 + 허 규 ｜ 김제니 + 강순철 ｜ 김주원 + 박찬근 ｜ 김현진 + 김종유 ｜ 손승희 + 심형택 ｜ 안선영 + 김동훈 ｜ 안 숙 + 지성민 ｜
안지현 + 홍석준 ｜ 오지윤 + Ferdinand Sutanto ｜ 이다영 + Ahmed Kadaoui ｜ 이민경 + 권용재 ｜ 이민정 + Eric Park ｜ 이세영 + 정욱재 ｜
이시영 + 조승현 ｜ 이지수 + 성기혁 ｜ 장지혜 + 김현수 ｜ 정다연 + 김규완 ｜ 허정윤 + 이경태 ｜ Amy Howard + 박준영

지은이 이영아

현 〈비욘드 더 드레스〉 대표. 서울에서 나고 자라고 배웠다. 대학 졸업후 패션 기업에서 이력을 쌓던 중, 당시 여성으로서는 드물었던 해외 지사의 책임자로 발령을 받고 뉴욕으로 잠시 거처를 옮겼다. 뉴욕의 하이엔드 패션 중심부에서 일했던 경험을 기반으로 2008년 11월 〈비욘드 더 드레스〉를 창업했다. 개성 뚜렷한 해외 디자이너들의 웨딩드레스 컬렉션을 국내에 들여와 알리며 웨딩드레스의 단순 대여에서 진일보 한 '스타일링'의 개념을 웨딩 마켓에 확산시켰다. 지인들의 결혼식 준비를 도왔던 에피소드들을 계기로 결혼식 기획을 의뢰하는 고객들을 만나게 되었고, 그 경험과 노하우를 이 책에 녹여냈다.

우리가 꿈꾸는 웨딩

1판 1쇄 발행일 2021년 10월 10일
지은이 | 이영아
펴낸이 | 김문영
편집 | 김미리
디자인 | 이숲디자인
마케팅 | 권태환
펴낸곳 | 이숲
등록 | 2008년 3월 28일 제301-2008-086호
주소 | 경기도 파주시 책향기로 320, 2-206
전화 | 02-2235-5580
팩스 | 02-6442-5581
홈페이지 | http://www.esoope.com
페이스북 | facebook.com/EsoopPublishing
Email | esoope@naver.com
ISBN | 979-11-91131-23-9 03590
ⓒ 이영아, 이숲, 2021, printed in Korea.